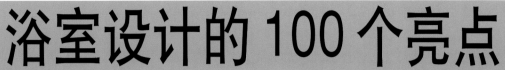

浴室设计的 100 个亮点

100 bright ideas for BATHROOMS

您的家——巧装巧饰设计丛书

浴室设计的 100 个亮点

100 bright ideas for BATHROOMS

［英］塔姆辛·韦斯顿　著

芦笑梅　译

中国建筑工业出版社

著作权合同登记图字：01-2005-2143 号

图书在版编目（CIP）数据

浴室设计的 100 个亮点 / （英）韦斯顿著；芦笑梅译. —北京：中国建筑工业出版社，2005
（您的家——巧装巧饰设计丛书）
ISBN 7-112-07330-8

Ⅰ.浴...　Ⅱ.①韦...②芦...　Ⅲ.浴室－室内设计　Ⅳ.TU241

中国版本图书馆 CIP 数据核字（2005）第 030040 号

First published in 2003 under the title 100 bright ideas for BATHROOMS by Hamlyn, an imprint of Octopus

Publishing Group Ltd. 2-4 Heron Quays, Docklands, London E14 4JP

© 2003 Octopus Publishing Group Ltd.

The author has asserted her moral rights

All rights reserved

100 bright ideas for BATHROOM/Tamsin Weston

本书由英国 Hamlyn 出版社授权我社翻译、出版

责任编辑：戚琳琳
责任设计：郑秋菊
责任校对：关　健　孙　爽

您的家——巧装巧饰设计丛书

浴室设计的 100 个亮点
100 bright ideas for BATHROOMS
[英] 塔姆辛·韦斯顿　著
　　　芦笑梅　译

*

中国建筑工业出版社出版、发行（北京西郊百万庄）
新 华 书 店 经 销
深圳市彩美印刷有限公司印刷

*

开本：880 × 1230 毫米　1/16　印张：8　字数：200 千字
2006 年 4 月第一版　2006 年 4 月第一次印刷
定价：48.00 元
ISBN 7-112-07330-8
　　　（13284）

目　录

简　介

当我们进行家庭设计和装修时，浴室经常会被忽略，然而浴室却是全家人每天日常必用的空间——每天早起的洗漱准备、一次全身放松的浸泡，或者是一次爽快舒畅的淋浴。浴室应该为我们提供一个放松静享的机会，所以它需要被设计成私密宁静的环境供家人享用。

计　划

精心的计划和研究是营造一个适合你的浴室的关键因素。你需要考虑所有要选择的物品和各种各样能得到的物件，这样你就可以完成满足你的需要和要求的计划，同时还能符合你力所能及的理想预算。要考虑好谁来使用房间是很重要的——是准备为全家人使用的繁忙空间，还是一个宁静安全的放松所在？

从比例图着手是准确计算你的浴室面积的好主意，因为这一空间是已经存在的。用坐标纸自己来制作一份房间的平面图很容易。根据你制作的房间平面图，去掉卫浴设备（例如浴缸、洗脸盆等），你就可以按比例统计出你的浴室面积。许多卫浴公司在他们的服务项目中提供这些比例图，或者还经常帮你计划和设计符合你所有要求的浴室。他们还能帮你计算出你设计区域的合理空间——例如，在脸盆前方留出至少50cm的空间，同时两侧也要留有足够的空间。要确保在你的平面图上标出所有永久固定设备的位置，比如门、窗、暖气片和管线口等。这样你就可以试着用不同的选择和各种物件来建造一个特点适宜的浴室，并且这是最适合你现有空间的浴室。

左上图：确保面盆周围留有足够的空间可使你的浴室变得舒适而实用。

右上图：简单的添加，比如新颖的涂料或几个搁架，能使你的浴室感觉与众不同。

左图：现有的空间和管线口是选择浴室附件时要考虑的关键。

浴室组件

现在浴室组合设备可选择的范围非常广泛，有不同的形状、不同的颜色和不同的风格。选择合适的颜色非常重要，这也是选择其余配置的开始。白色由于可与任何颜色很好地搭配而成为当今的流行选择，如果你将来可能改变浴室形象的话，也最好选择白色。风格的变化也是非常丰富的，从早期的和传统的到无边沿现代型的。浴室组合设备可以是标准的也可以是定制的，有挂在墙上的，有靠墙放置的，有独立放置的，还有恰好组合到浴室家具中的。

如果你想拥有随意自由并且外观线条流畅的浴室，最好选择带有配套家具的组合套件，因为它可以帮你利用好浴室内每一处可利用的空间。而独立放置的浴缸能允许你多一些创造力并且获得独特的外观。如果你的浴室很小，可以考虑定制适合放在角落的或D形的浴缸，这样可以给你更多的空间。如果淋浴很重要而你又没有设置单独的淋浴间时，这也是一个很好的选择，因为D形浴缸能创造出额外的淋浴空间。

浴缸有不同的材质，丙烯酸树脂是最便宜的一种，而且由于质轻、实用和保温好而成为现在流行的选择。铸铁浴缸，过去经常是卷边的，保持温度也很好，但它很重，你必须增强你的地板来支撑它。

右图：一个角浴缸节省了很大的空间，同时富于变化的设计风格和颜色搭配也很时尚。

上图: 在宽敞的浴室中一个独立式的浴缸显得很优雅，而且它的传统的设计元素与瓷砖和木制家具配合得非常好。

左图: 如果你想保持简单的设计，常规的矩形浴缸就是答案。它能隐蔽地安置在凹进的空间中并且涂上涂料，与整体色彩相呼应。

墙　面

瓷砖坚硬防水，是用于浴室墙面的理想材料。你可以很保守地只用它们粘贴浴缸周围的防溅背板，或者把整个墙面和地面区域全部贴砖。瓷砖的风格变化很丰富，有不同的颜色，不同的质地，有不光滑的，还有光滑有光泽的，另外墙面还可以用玻璃和金属等特殊材料来处理。陶瓷锦砖也是浴室很好的选择，它所特有的新颖、时尚、色彩配套的表面让它置身于当今流行的独特设计当中。陶瓷锦砖有众多的颜色和质地，可以单块供货，也可以整片供货以便铺贴时更容易。为了获得彻底个性化的印象，你可以用碎瓷砖、碎瓷片和碎玻璃做出你自己的锦砖贴面，创造出极具吸引力的独一无二的效果。

涂料因为在潮湿的环境中比壁纸更耐久而成为浴室墙面的流行选择。如果你就喜欢用壁纸，可以选用耐水较好的乙烯基壁纸，你会发现壁纸也会给浴室带来特别的设计效果。油漆由于防水和密封性好而适合在浴室使用。然而现在许多涂料厂家生产出的特殊配方乳液涂料（水基丙烯酸乳液）也适合用于像浴室这样的潮湿环境。防结露涂料能用在受潮湿问题困扰的区域，特别适于蒸汽侵袭区域，比如顶棚和周围的墙面或是淋浴上部。

为你的浴室选择什么样的色调取决于你想要得到什么样的效果——白色清新高雅，它几乎可以跟任何颜色组合搭配。水绿色是用于浴室的完美颜色——柔柔的水绿色或宝

右图：颜色明亮的瓷砖给浴室带来了生机，为全家人创造了一个新鲜有趣的环境。

石绿能创造出清澈、凉爽和安静的效果。家庭浴室适合选用活泼的浓重色彩，可以考虑让它们与白色搭配，因为全部使用深色会感觉沉重、阴暗，使人感觉压抑。中性色调，从乳白的奶油色到米黄的蘑菇色，与其他的天然材料相呼应就能形成自然时尚的风格。蓝加白能带来清新自然的元素，是浴室色调的又一完美选择，若与天然的木质和柔软的奶油色相搭配能增添一丝暖意。

左上图: 瓷砖的防溅背板是任何浴室中都要用到的，它引人注意也很实用，有非常多的设计方案和颜色可供选用。

右上图: 精致的木质嵌板与素色的墙面形成了鲜明的对比。

贮藏空间

在设计贮藏空间前你先要考虑好要在浴室里存放什么。你可能会选择一整套的物品，包括毛巾、洗涤用品、化妆用品和清洁材料等，也可能只选择一些基本的毛巾和化妆用品。恰当的浴室家具能创造出许多贮藏和可利用的空间，但是有的浴室很小，无处放置家具。这时可以考虑开发墙面空间——例如在墙面高处设置搁架。也可以开发死角空间，可以考虑把搁架或壁柜安装在浴缸的端头，浴缸的下面或没用的角落。一面假的墙，用涂料、瓷砖或企口板做饰面后，也能开发出额外的搁置空间。

上图：在你的浴室中开发出了许多空余空间，并以此作为装修的特色。

左图：在设计你的浴室时要考虑的是，你需要多少贮藏空间和哪些项目更容易满足要求。

右图：在油毡布上面铺设橡胶地面是一个很特殊的选择，它与这一现代风格的浴室搭配得很好。

下图：在这个早期套件风格中木质地板看起来特别有吸引力，油漆的颜色与整体色调搭配和谐。

地　面

　　浴室的地面必须安全、实用、防滑。应保证卫生、防潮和易于清洗。橡胶、乙烯树脂和油毡布地面都是很好的选择，尤其对于家庭浴室——地面应防水、易清洗、脚下温暖，最重要的是安全。天然石材能带来更沉稳精致的效果，而且有防滑表面可供选择。这里有众多的风格和颜色供你挑选，就看你想要达到什么样的风格和效果。

水龙头

像浴室组件一样，有许多种水龙头可供选择。从早期的样式到现代的流线型的水龙头应有尽有。老式的配件中常采用两个单独的龙头，这样也体现传统的风味。独立的可控制混合水温的龙头，能让你只用一只手就可调节水温并放水，这比较适合现代浴室。不要忘了也要考虑水龙头的外镀层——铬合金的表面非常漂亮，大多数的浴室都很适合，而镀金和黄铜的龙头更适合于传统的浴室。

窗

窗的处理对浴室的面貌有重要的影响，由于浴室较家中其他房间更需要隐蔽不受干扰，所以需要考虑得更仔细。可以给出许多种方法处理浴室的窗子。比如可以用专为浴室设计的有更多花纹效果的窗子替换透明窗。有很多方法能使普通窗子达到类似的效果。采用简单的滚筒或威尼斯百叶窗是一个方便而又不繁琐的方法，你可以通过打开或收起拉绳来调节需要隐蔽或是有光亮。还有许多产品可以制造磨砂玻璃的效果——你可以用不同的花样薄膜设计你喜欢的样式，或干脆全部贴上薄膜。窗帘是另外一个选择，你可以有更大的范围选择颜色、样式和质地。

配 件

　　浴室的小配件可以实现浴室设计的最终效果。仔细地挑选他们能帮你完成浴室设计的主题风格。重要的是不要让你的房间很拥挤，尽管浴室里常常没有很多空间。从你必需的物品入手，像毛巾、浴垫、百叶窗或窗帘，还有化妆品的瓶子。选择小配件时材料要与浴室风格搭配，颜色要与墙面和地板协调。例如，天然材料如棉、麻、木质和石材用于中性色调设计的浴室之中非常合适。事实上色彩也是非常重要的：自然主题依赖于蓝色和白色为主色调，木本色或铬合金作补充，这就看你想要得到什么样的效果了。

灯

　　我们经常会忽略浴室的灯，但是精心挑选的灯的确能带来迷人的效果。比如，当你需要一个放松静谧的环境时，灯光的效果就十分重要。凹槽聚光灯很适合浴室使用，当你在浴盆中浸泡时，它能投给你柔和的光线。它们还可以用在镜前的高光区域，为剃须和化妆所用。如果你想使光线可调，最好使用变光灯，这样你可以根据需要使光线变强或变暗。

提示与技巧

下面是本书涉及的项目中用到的一些材料和DIY技巧的快速参考导引。

MDF 板

MDF 板（中密度纤维板）是木质纤维经过挤压后制成的致密板材。通常切割 MDF 板时应戴上防尘面具，因为长时间吸入粉尘对人体有害。

底漆

MDF 板在刷涂料之前一般要先上底漆。这一步类似于给木材上内涂层，可以防止在上涂料时太多涂料被吸入 MDF 板内部。先给木料上底漆再喷涂料，通常会产生很好的效果，但是当你只为一小块木料上涂料时也可以不必那样做。如果你要给未经处理的松板刷涂料，那么首先要用节疤涂饰法封上木材上所有的节疤，防止树脂透过涂料层流出来，确保涂料平整地粘在木材上。

涂料

乳胶涂料是水基的，使用方便，且易干，漆刷也便于清洗。它特别适合漆墙面。油基涂料能提供坚硬防水的面层，可以用它巧妙地制造出闪光或亚光的表面，但它更适合用于浴室中，尤其是非常潮湿的区域。此外，还有很多种特殊配方的涂料可以用在潮湿区域，并且能提供一个持久的保护面层。

清漆

为了保护装修面，比如有吸收能力的表面或者水质乳胶漆表面，可用清漆来提供一层"耐穿的外衣"。经常使用的清漆不止一种，理想的清漆是清澈无光的，有时对于木料需要特殊的清漆。

丙烯酸清漆通常是无光的，而聚氨酯清漆则能创造

出坚硬闪光的效果。

勾缝剂

瓷砖粘贴完成后需要使用勾缝剂，使用瓷砖隔离条来保证每块瓷砖间距相等是一个好办法。

瓷砖胶粘剂

有许多品种的瓷砖胶粘剂可供选择，其中包括耐水品种。许多陶瓷砖要求使用标准的瓷砖胶粘剂，但是地面砖根据地面用途的不同可能需要特殊的胶粘剂。

工具

打孔机是一件必不可少的DIY工具。大多数打孔机都有一套尺寸和用途不同的钻头。要根据你将要使用的螺钉的大小来调换钻头。当你在墙上钻孔时，要使用钻石钻头，它可以穿透坚硬的墙面。把墙塞插入钻好的孔中，然后把螺钉拧入墙塞。在木料上钻孔时，钻的孔要比螺钉稍小一点儿，这样螺钉在进入木料时才能紧紧咬住木料。在木料上用螺钉时，是不需要用墙塞的。

镶板锯是锯木料或 MDF 板的理想工具。为了把更小的板材锯成某种形状，最好有一把手锯。带灯的工作凳可以使你的工作变得更方便。

亮点

本书中的每一章都分为以下四个部分。

☼ 一 日 之 举

要求一些基本的DIY（亲自动手制作）技术，项目可以在一日内完成。

🕐 快 速 制 作

即兴创意，易于操作，用时不会超过一个上午。

👤 妙 点 子 长 廊

汇集了众多灵感，只需合理的采购和最后的布置就能马上焕然一新。

✅ 效 果 欣 赏

整体的装饰设计能使你进行再创作，并适合你的个人风格。附有获得理想效果的一些关键技巧。

本书使用的一些符号注释

扫一眼图标就可看出项目将要耗费的时间和它的难易程度。

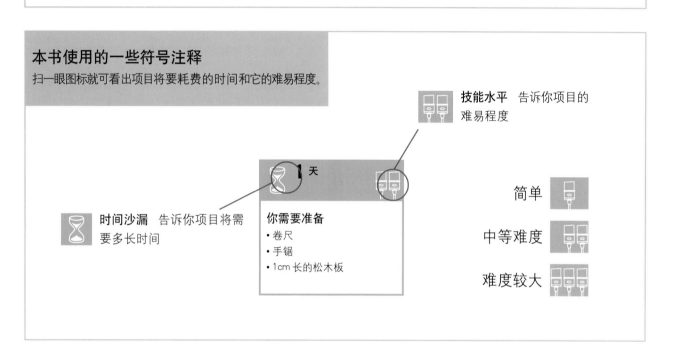

技能水平 告诉你项目的难易程度

1 天

时间沙漏 告诉你项目将需要多长时间

你需要准备
• 卷尺
• 手锯
• 1cm长的松木板

简单

中等难度

难度较大

现代浴室

现代浴室充满简单和时尚的元素并且崇尚自由随性。有

众多不同的设计和理念能带来独特的观感。**挥洒**的色彩、

玻璃、**砖块**、闪光的铬合金配件和简单的

风格正是一些浴室中要加入的特色。颜色的

处理，现代浴室可以使用很夸张的**浓重**并且

鲜艳的色彩，也可采用**清淡**的颜色

和简单的配饰追求宁静自然。

棋盘式地板

选用橡胶地板块可以得到既实用又美观的地面。简单地用些胶粘剂，或揭掉地板块背面的不干胶保护层，就可以把地板块安装就位。防滑地板块用于浴室比较理想。

1 从画浴室地面的比例图开始入手，还要包括像浴室组合设备这样的永久设施和任何新添的家具。量好橡胶地板块的尺寸并且在比例图上画出他们的位置，这样能帮你完成铺设区域的设计。如果地板块的尺寸不完全合适，那么你就可以确定从哪里起头或者用裁剪的地板块去填充。

⧗ **1天**

你需要准备

- 坐标纸
- 铅笔
- 卷尺
- 硬质纤维板、接缝条和钉子或匀涂合成剂
- 水准仪
- 橡胶地板块
- 裁剪垫
- 手工刀
- 金属尺和定位直角尺
- 丙烯酸胶粘剂
- 胶粘剂用抹刀

2 在你开始铺设前要确保地表面是平整的。如果原来是混凝土地面，在铺地板块之前先用砂浆找平，找平砂浆也可以当作地板块的胶粘剂使用。如果是木地面，用适当的几块硬质纤维板把整个地面覆盖上，以保证表面水平。用接缝条封好每一个连接点，确保硬质纤维板完全地固定在下面的地板上。

3 用抹刀按照地板块尺寸大小将丙烯酸胶粘剂涂在地面上，按位置粘上地板块，接下来粘下一块。当所有地板块都按位置粘牢后，等待胶粘剂干燥就可以了。

印花浴缸嵌板

在你的浴缸嵌板上刷一层油漆或只是简单的印花,就能使它融入浴室整体效果之中。如果你没有现成的浴缸嵌板,就用 MDF 板锯一块。

 4 小时
外加干燥时间

你需要准备
- MDF 嵌板
- MDF 底漆
- 嵌板用的油漆
- 漆刷
- 印花卡
- 铅笔
- 工艺刀
- 裁剪垫
- 尺子
- 喷胶
- 印花用的油漆
- 印花刷
- 螺钉
- 螺钉旋具

1 测量浴缸并计算出嵌板所需的尺寸。当你有了确切的尺寸后,到附近的DIY店里按尺寸锯一块MDF板。先给嵌板涂层底漆,然后涂一遍油漆,晾干后再涂一遍。

2 制作印花,将你设计的式样画在印花卡上,用工艺刀裁出图案形状。这个设计是由两种印花组成的,沿着嵌板的长度方向交替变换。另外也可以买一个现成的印花图案,用尺子和铅笔标出印花的确切位置。

3 在卡的背面使用印花喷胶,然后把它小心地粘贴在MDF 板的相应位置上,用印花刷点一点儿彩色油漆轻轻地刷过卡片。不要在刷子上蘸太多的油漆——最好刷两到三遍使颜色达到所需的深度。揭下卡片,按照铅笔的标记在嵌板的下一个部分再重复进行。

4 许多浴缸有木头支撑架或吊架,用螺钉就可以将MDF 嵌板安装就位。如果你的浴缸没有支架,到附近的木工那里做一个是很容易的。

简单的盒子式搁架

盒子式搁架既不繁琐，又具有现代感。搁架可以与墙面涂成统一的颜色，或用对比强烈的颜色让它突出于墙面。

1 确定好搁架安装的位置和所需的搁架数量，然后凭借水准仪和铅笔在墙上用直线标出记号。按照每一条记号线锯出一块木板条，要让板条的每一端都比记号线短12mm。沿着板条每隔40cm钻一个螺栓孔。

2 靠墙把持木板条，让它与铅笔线中上面的一道线平齐，把螺钉推入木板孔中以便在背后的墙上作记号，移开木板并在记号处钻孔，并且要让孔比木楔深6mm，应事先在钻头上缠上彩色胶带以便能显示出正确深度的位置。用同样的方法，再对其他的搁架进行测量和板条钻孔。

3 当你将所有搁架所需的墙上孔洞都钻好后，嵌入木楔并用6cm的螺栓确保木板条安装就位。用水准仪检查他们是否水平。

4 锯几片MDF板来做搁架的上表面、下表面、前表面

⏳ **4 小时**
外加干燥时间 🖌🖌🖌

你需要准备
- 尺子
- 水准仪
- 铅笔
- 3cm × 2cm 的木板条
- 锯
- 钻
- 墙上木楔
- 彩色胶带
- 螺钉旋具
- 6cm 螺栓
- 12mmMDF 板
- 直角尺
- 砂纸
- MDF 底漆
- 油漆
- 漆刷
- 3cm 螺钉
- 木用乳胶
- 4cm 圆头钉
- 锤子
- 穿孔钉

和侧表面。使用直角尺以保证转角成直角。前片和侧片的长度是两倍的 MDF 板的厚度加上木板的长度。

5 用砂纸打平每一块MDF板的不光滑边缘，并且将搁架的每个部分都涂上底漆，然后再涂上油漆，等待它干燥。

6 钻孔并用 30mm 的螺钉将每个搁架的上表面固定到墙上的木板条上，钻孔装埋螺钉头，这样螺钉头就能被填料遮盖住。重复同样的步骤来处理下表面。

7 先通过胶接固定，然后再用穿孔钉将每个搁架的前表面和侧表面栓接起来，最后用油漆将螺丝和钉头洞填满并润色完成。

方便储物架

　　用玻璃盒子做一个简单又时尚的储物系统。玻璃盒子因其清爽简洁而成为家庭装修中的万能饰件。因为有各种颜色可以选择，所以用于浴室中非常合适。

1 小时

你需要准备
- 玻璃盒子
- 6mm厚的钢化玻璃，按尺寸切割并且边缘磨光
- 卷尺
- 水准仪

1 确定好储物架要设立的位置并概略地计划一下你的设计，计算出要保证结实的支撑需要多少个盒子。

2 到附近的建材商店裁几块长度1m左右的玻璃板来做储物架的平台面。

3 从安装储物架的第一层盒子入手。把盒子立在地板上，要前后交替放置，这样玻璃板的前、后边沿都有支撑。将第一层平台玻璃面板安置在盒子的顶端，借用水准仪确保它完全水平。

4 在第一层平台玻璃面板上放置下一排盒子，再次用水准仪检查并量好距离，保证盒子的间距相等。你想要做几层架子就重复做几遍。

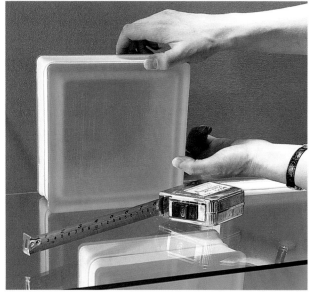

银色格调

印章墙面

用尺子、铅笔和水准仪在墙面上画出水平线,并且根据你想要的方块大小,标记出相等的间隔。

用一块海绵作印章。使用毡头笔在海棉上画好方块,然后用手术刀小心地切割出设计的形状。

向调色盘中倒入一些银色涂料,用海绵浸蘸涂料。先在其他的废纸片上试盖印章,直到浸入的涂料量和压力都达到你需要的程度,然后在墙面标记好的位置上盖上银色印章,等待干燥即可。

⏳ **2 小时**

你需要准备
- 尺子
- 铅笔
- 水准仪
- 海绵
- 毡头笔
- 手术刀
- 银色涂料
- 调色盘
- 废纸片

银色墙砖

确保你要贴砖的区域平整、干净、没有油脂。使用瓷砖胶粘剂将瓷砖贴到墙上,从左下角开始粘起,顺序粘贴最下排瓷砖,在两块瓷砖之间放置瓷砖定位条。

当你完成第一排瓷砖后,用水准仪检查瓷砖是否垂直平整。重复这些程序直到完成你要粘贴的区域。当你的瓷砖大小不合适时,需要使用瓷砖切割机来修整瓷砖形状。

让瓷砖胶粘剂干燥24小时,然后移开瓷砖定位条,用勾缝剂逐块地精心勾缝。用湿布擦干净瓷砖表面,清理掉多余的勾缝剂,然后等它干燥。

⏳ **2 小时**
外加干燥时间

你需要准备
- 砂纸
- 耐水瓷砖胶粘剂
- 银或铝面瓷砖
- 瓷砖定位条
- 水准仪
- 瓷砖切割机
- 瓷砖勾缝剂
- 干净的湿布

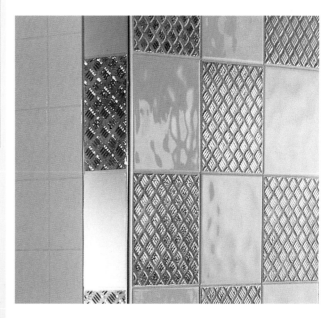

在花瓶要包银箔的部位涂上胶粘剂，放置15分钟左右，或依照厂商的说明操作。把银箔放在胶上并用干刷子刷掉多余的胶。如果你喜欢要保护层，用虫胶把银箔包覆上能增加耐久性。

30 分钟

你需要准备
- 普通花瓶
- 银箔和配套用胶
- 小的干涂料刷
- 虫胶（如果没有配套的银箔胶）

华美的镜框

这个项目你使用新的或旧的镜子都可以。如果可能，最好把镜子从镜框中取出。要是做不到，就用报纸遮盖镜子表面，用胶带粘好。

30 分钟

你需要准备
- 镜子和镜框
- 报纸
- 胶带纸
- 银或铬的喷雾涂料

擦干净镜框，保证没有油脂和灰尘，再把它放在一些报纸上。摇匀涂料并平稳地喷涂镜框。要想达到最佳效果，应仔细地按照厂商的说明操作，并且喷涂时要与镜框保持平稳一致的距离。在你移动镜框或去掉镜面上的胶带之前，要等它干燥好，再把它挂在墙上。

增添亮点

玻璃搁物架

用玻璃搁物架将原有的壁柜替换掉，或直接安置在一面空白的墙上。选用不同颜色的涂料将搁物架周围的墙面突出出来。先用尺子、铅笔和水准仪确定好你要突出的墙面尺寸。裁出3块玻璃板用作搁物架，要让玻璃板的尺寸至少比彩色墙面范围短25cm。如果玻璃搁物架是现成的，那就让彩色墙面部分的尺寸配和搁物架，让彩色墙面宽出25cm。

4 小时 外加干燥时间

你需要准备
- 水准仪
- 尺子
- 铅笔
- 玻璃搁板
- 胶带纸
- 彩色乳胶漆
- 漆刷
- 搁板支架
- 木楔
- 钻
- 螺钉
- 螺钉旋具

当你标记好彩色墙面的区域后，用胶带纸把区域周围遮盖上，用彩色乳胶漆涂刷这一区域，等待干燥后再刷一层，然后将搁物架安装就位。

陶瓷锦砖凹室墙面

粘贴陶瓷锦砖最快速的方式就是采用勾好缝的整片陶瓷锦砖。确保墙面没有油脂和灰尘，并且仔细地打磨平整。

在瓷砖片的背面抹上瓷砖胶粘剂，小心地将瓷砖片排列到墙面适当位置，使用瓷砖定位条精心地安装定位，等待胶粘剂干燥。

勾好瓷砖间的缝隙，擦去多余的勾缝剂。等勾缝剂干燥后，用湿布将瓷砖彻底地清理干净。

2 小时 外加干燥时间

你需要准备
- 整片的陶瓷锦砖
- 砂纸
- 耐水瓷砖胶粘剂
- 瓷砖定位条
- 白色瓷砖勾缝剂
- 干净、潮湿的布

圆圈图案浴帘

开始工作之前，先检查一下染色笔是否能使浴帘着色。如果不能，你可以使用一块素色的棉布着色，然后用两片透明的浴帘或PVC片，像做三明治一样把棉布保护起来。

30 分钟
外加干燥时间

你需要准备
- 素色浴帘
- 染色笔
- 报纸
- 3 种圆形物件

将浴帘铺在一个用报纸保护好的平整台面上，选取3种不同尺寸的画圆用圆形物件，比如盘子或碗之类。使用染色笔绕着圆形物件将圆圈画在浴帘上，并让部分圆圈互相重叠。

将其中一些圆圈填色变成实心圆，等待颜色干燥。

磨砂灯饰

用废纸剪出你设计的模板式样，在模板的一面喷上喷雾胶，然后将它粘在玻璃上。将玻璃放在一张报纸上，喷上雾状喷胶。

干燥后剥去模板，将玻璃安置在相座上，背后放上茶灯，要确保火焰足够远以避免将玻璃烤热。

15 分钟

你需要准备
- 废纸
- 剪刀
- 喷雾胶
- 支架上的玻璃
- 报纸
- 玻璃用雾状喷胶
- 相座
- 茶灯

光亮又时尚
的铬合金

铬合金光亮而且很前卫，是现代浴室设计的完美补充。它既能与浓重大胆色彩的现代风格搭配，也适合于简洁淡雅的时尚风格。

▼ 铝制的盒子因不生锈而非常适合用于浴室。用它们储存浴室的重要物品并且排列在搁架上，看起来光亮而且整齐。

▲ 一个可移动的储物车，毛巾等物品存放在上面，需要时可以很方便地拿到。

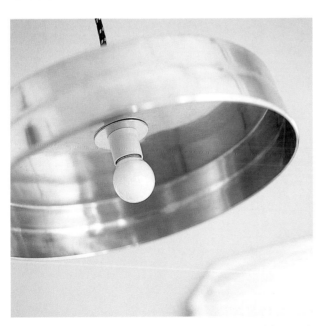

▲ 选一款铬合金灯罩，如果找不到，就用银涂料或铬涂料涂刷一个，或者喷涂一个。

▲ 弧形的铬合金和玻璃的搁架为你的浴室增添了生动有趣的亮点。

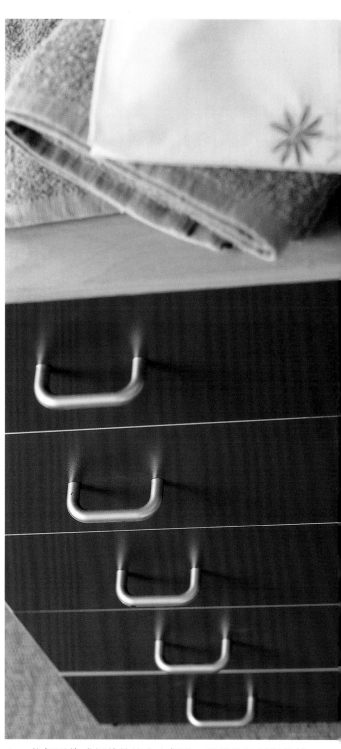

▲ 一个铬合金的洗浴架能让你的浴室保持整洁，同时还能确保日常必需的物品随手可得。

▲ 将把手换成新款的铬合金把手，就能使抽屉柜焕然一新。

点出主题

　　在你的浴室中使用一些浓重的色彩块来进行点缀。即便是素色淡雅的浴室，使用一抹明亮色彩也能让它发生变化。

▲　装饰你的浴室快速而廉价的方法就是采用形状各异的瓶子。

▼　用对比的颜色像淡紫色和浅绿色来制造效果。这里明亮的百叶窗与彩色墙面的对比，搭配得非常完美。

▲　选择鲜亮的蓝色作墙面，创造出大胆而现代的效果。

▲　物色可以与你选择的色彩方案协调搭配的塑料配件，如垃圾箱和洗衣筐等。

▲　对颜色的现代看法是，让软家具、毛巾和配件保持单一的颜色。

▲　要想获得戏剧化的效果，就将木制品、顶棚甚至家具都涂成墙面的颜色系列，代替历来常用的素白色。

鲜明的对比

在素白的浴室中加入鲜艳漂亮的配件立刻会带来变化，可以根据你的心境选择不同的色调。

如果你没有足够的信心将墙面涂成亮眼的颜色或没有时间做重大的装修，那么在你的浴室中挥撒色彩作点缀实在是既简便又安全的方法。

用白色乳胶漆将墙面简单地涂刷修饰，涉及到地面也可以采用素色，但要使用有光泽的油漆。这个浴室采用独立式的浴缸强化了这个房间的特点。另外，恰当的配套组件给浴室增添了更多的现代感。

这个房间布置的关键是大胆地选用色彩鲜艳的配件。浴垫、毛巾、肥皂和浴液都成为了目光的焦点，因为它们总是能很容易地找到各种颜色。如果你坚持采用三到四种颜色进行搭配，就能得到完美的效果，比如樱桃红、水绿色、黄色和蓝色。最后加入表面光亮的铬合金配件完成整体效果。

还可以有哪些改进？

- 浓重色彩的浴缸或浴缸嵌板
- 鲜艳明亮的木质家具
- 一面色彩明亮的墙面

▲ 添加色彩鲜艳活泼的毛巾和浴垫加以点缀。碰撞的色彩能带来激情，所以将樱桃红和水绿色结合在一起。

▲ 放置这些鲜粉红色的独特储物盒子让你的浴室显得闲散自由。要让它们的外饰面鲜艳活泼，与整体色彩结合成一体。

▲ 一个独特的面盆，像这样一个碗形的放在桌面上的面盆，给浴室增添了特色。

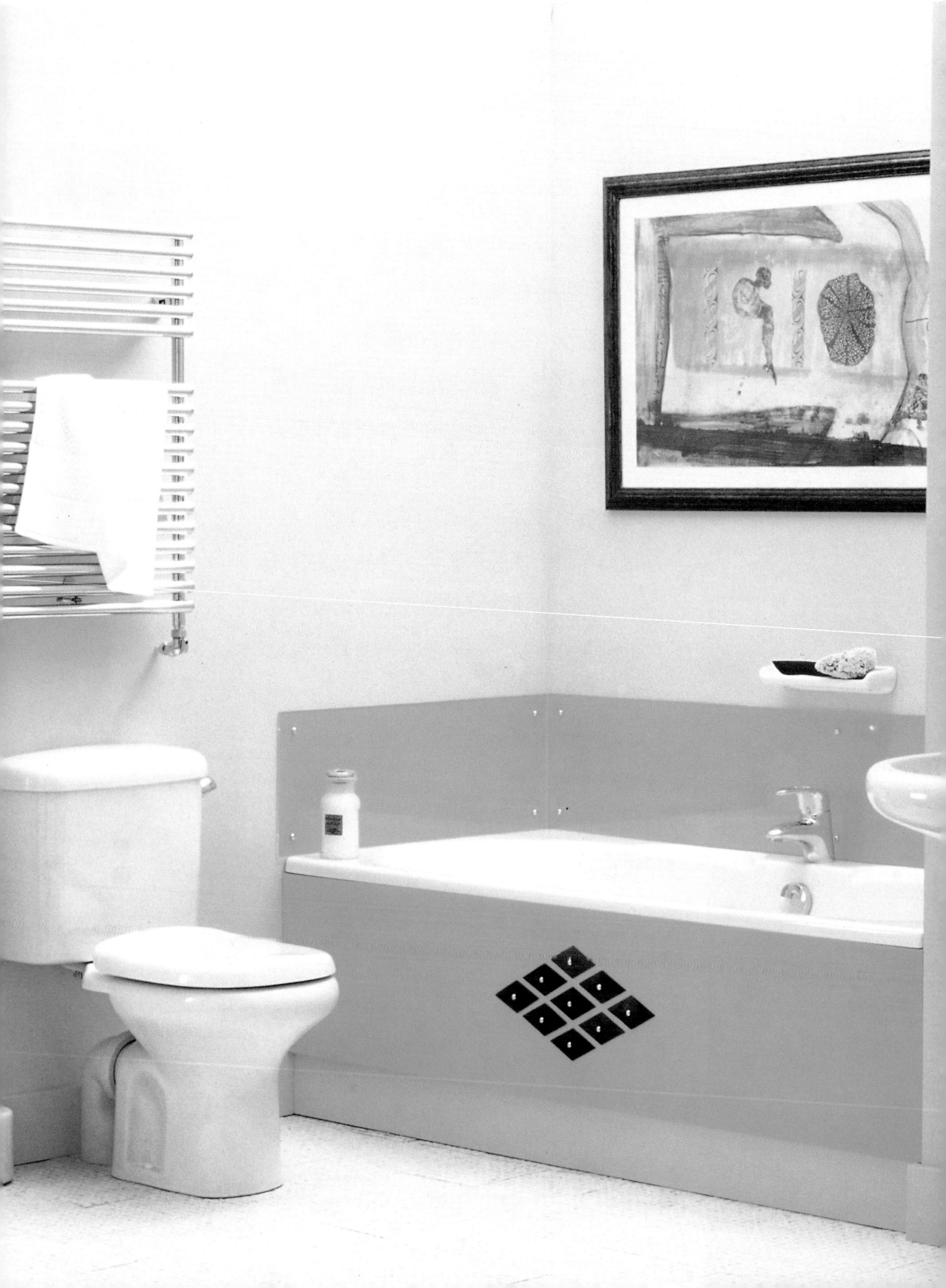

清新高雅的浴室

将轻柔的水色和绿色的玻璃结合起来形成浴室的风格。简单颜色的搭配给浴室带来新鲜、宁静和清新的效果。

用乳胶漆将墙面刷成淡淡的水绿色——这种颜色能创造出迷人的宁静感受。增添了光滑感和反射量的绿色玻璃是这里的主要特色，用它来作防溅背板，也可以作搁物架。在水绿色的墙面的衬托下绿色会变得很突出。将浴缸嵌板涂上与绿色玻璃颜色相似的涂料，如果有必要，找一块MDF板锯成相应的大小，制作一个合适的浴缸嵌板。

作一个简单的装饰，用强力胶在浴缸嵌板上粘上立体的菱形木块，通过每一木块中心拧入的镀铬装饰螺钉，将他们布置成具有时尚感的角度。

时髦现代的暖气管也是这间浴室的特色，将它设置在浴缸或坐便器的上面节省了空间。

最后将地板涂成白色，在似水的色调中添加一种颜色。

还可以有哪些改进？

- 白色、玻璃色或水色的瓷砖
- 木本色地板
- 铬合金家具

▲ 可爱的摆设，用透明或淡绿的瓶子和花瓶与其他玻璃装饰相配合。

▲ 铬合金配件完成了浴室的最终风格，给人光亮清洁的感觉。水龙头、洗浴架、搁物架和牙刷架都可以采用铬合金配件。

▲ 安置在浴缸或坐便器上面的悬挂式暖气管节省了浴室空间。

▲ 一个简单的隔墙创造了一个适宜的放置搁物架的凹室，玻璃搁板提供了光滑的储物方式，玻璃挡板还形成了透明的淋浴室门脸。

▲ 陶瓷锦砖地面影响并限定了整体的效果。如果地面需要特殊的处理，要请专家进行指导。

▲ 在有限的空间中使用一个小尺寸的浴缸非常经济。

温泉式浴室

使用蓝色陶瓷锦砖营造一个引人注目的现代空间。

这款装修的关键是陶瓷锦砖。除了用于地面外，陶瓷锦砖还用作了突出效果的高范围淋浴防溅背板、水槽和搁物架。浴室其余小面积部分涂刷涂料——选择蓝色或白色涂料以保持浴室整体的吸引力。

这款装修用于小空间的浴室非常理想，因为它将异型的浴缸和淋浴间结合在了一起。墙角的面盆也很好地利用了有限的空间，同时它后面的镜子也使房间感觉更大了。一套线条简洁的素白色浴室套件与整体风格搭配得非常完美。这间浴室的窗子没有进行装修处理，但是一个简单的白色或青绿色的滚筒百叶窗也会非常实用。这一浴室简单而有条理的风格，意味着你只需要少量的家具或储物空间来保存必需的物品。白色家具在这儿很实用，铬合金或铝合金配件看起来也很棒。最后，使用纯紫色和白色的物件饰品可以保证颜色不杂乱，从而保持浴室整洁有条理的特色。

还可以有哪些改进？

- 将陶瓷锦砖用于更大面积的墙面
- 金色配件
- 使用水绿色陶瓷锦砖

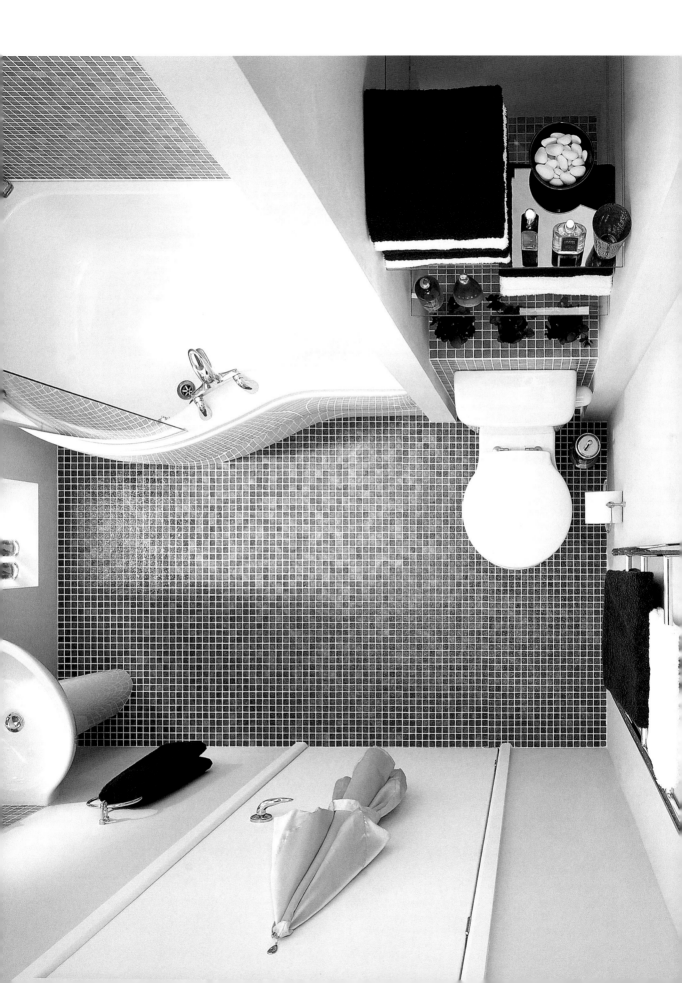

家庭浴室

家庭浴室应为满足**全家人**的使用和爱好而设计。它应做到功能性强而且实用，同时又很**新鲜刺激**，使洗浴时光变得生动有趣。通常，**明亮**活泼的色彩最适合为孩子创造新鲜刺激的环境。选择材料的关键是实用，这就需要你精挑细选了。除了实用以外，还有很多的选择可以使浴室形成**有趣**的主题，与**浓重夸张**的**色彩**搭配达到理想的效果。

陶瓷锦砖桌面

用亲手制作的陶瓷锦砖给平淡的桌面或柜面增添绚丽色彩。

1 用毛巾将瓷砖包起，然后用锤子轻轻地把它们敲碎。或者，用瓷砖钳子将它们制成各种不同的形状和尺寸。

2 将碎片放在你想要覆盖的桌面上，沿圆周摆放设计直到你感到满意为止。

3 从一个边缘开始做起，使用开槽口的铺胶器在桌面的一个小范围上将瓷砖胶粘剂铺平，再将瓷砖碎片放在适当位置然后轻轻按压进胶粘剂中，这样一小块一小块地进行直到将全部桌面铺满。

⏳ **4 小时**
外加干燥时间

你需要准备
- 瓷砖
- 毛巾和锤子或瓷砖钳子
- 瓷砖胶粘剂和开槽口的铺胶器
- 一块木板或 MDF 板
- 勾缝剂
- 橡胶扫帚
- 湿布

4 用一块木板或MDF板平稳地按压在瓷砖的表面以确保表面平整，并用刮板将多余的胶粘剂清理掉。按照产品说明书的要求让胶粘剂干燥完全。

5 干燥后，使用橡胶扫帚将瓷砖间的缝隙用勾缝剂填满，冉用柔软微湿的布将瓷砖擦干净，等它干燥即可。

小鸭浴帘

使用透明的塑料材质给你的浴室带来一个有趣的小鸭主题。

4 小时

你需要准备
- 彩色小鸭照片
- 剪刀
- 两片浴帘尺寸大小的PVC片
- 透明胶水或双面胶带
- 缝纫机
- 一套孔眼
- 浴帘挂钩

1 开始，找一张彩色的小鸭照片或画片（可以试着从动物或农家院的书中寻找）。然后需要你将这张彩色照片按照合适的尺寸复制出你需要的图片张数。你可以尝试采用各种不同的图案，比如一张大的图片或采用单一的一排或嵌入小的图片。

2 剪下小鸭的形状，并按设计图案将它们布置在一片PVC上，要留出顶部打孔眼的空间。如果你对图案满意就把它们粘上。

3 将第二片PVC盖在上面，用缝纫机将两片的四边都缝合起来，还要将打孔眼的边缘让出来，这样就能防止图片受潮。

4 沿着浴帘顶部缝纫线以外安装孔眼，装上挂钩，挂到浴帘杆上。

速成防溅背板

漂亮的有机玻璃防溅背板——适合用在现有的瓷砖上面，可以在中间夹入剪纸图案。

3 小时
外加干燥时间

你需要准备
- 两块背板大小的有机玻璃
- 钻
- 描图纸
- 铅笔
- 彩纸
- 工艺刀
- 刻刀垫
- 喷胶
- 4个固定镜子用的膨胀螺栓
- 螺钉旋具
- 透明硅酮密封膏

1 将两块有机玻璃板仔细对齐，在每一边的中间位置穿过两块板打孔，共打4个穿透孔。然后按照相应位置在瓷砖背板上钻孔。

2 用描图纸描一些蝴蝶的图案，然后把它们转印到彩纸上，用工艺刀小心地刻下来。

3 在一块有机玻璃板上安排布置图案，当你觉得满意时，喷胶将图案粘在有机玻璃板上。

4 盖上第二块有机玻璃板，并且用镜用螺栓将整个防溅背板固定在适当位置上，用密封胶封住接合部位，阻止雾气进入。

三色墙

使用同一颜色的三种不同明度所产生的绝妙效果,将给你的墙面带来新的尺度感。

1 确定墙面没有油脂和污垢。选好要涂刷的墙面区域,把高度分成三部分,并用铅笔标出三部分的分界线,用尺子和水准仪确保分界线画得光滑平直。

2 施工从底部开始做起,沿第一条线的上部小心地粘上胶带,以防涂刷时颜色超出界线。要尽可能地使胶带粘贴得平直。

1天
外加干燥时间

你需要准备
- 长尺子
- 水准仪
- 铅笔
- 胶带
- 同一种颜色的无光乳胶漆的3个不同明度品种
- 涂漆刷或辊子

3 选最深的颜色涂刷底线以下的区域,必要时干燥后再刷一遍。

4 涂层干燥后,小心地剥下胶带。现在再将胶带贴在第二条线的上面和第一条线的下面,然后用中等明度的涂料涂刷两线中间的区域。等待干燥后,揭下胶带,再将第二条线的下面贴上胶带,用最浅的颜色涂刷上部区域,干燥后剥去胶带。

色彩变幻

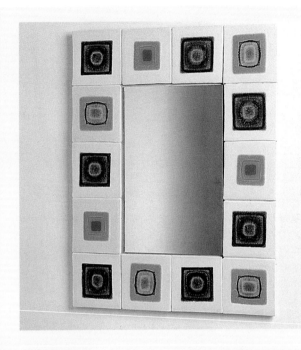

瓷砖镜框

如果你的镜框使用完整的花砖拼成效果最好，所以试着找一块镜子，让它的尺寸刚好与瓷砖相匹配。

按照镜角的挂镜位置在墙上钻孔，然后用螺钉将镜子固定在洗脸池上面的墙上。

沿着镜子的一边小心地涂抹一层瓷砖胶粘剂，将瓷砖沿镜边粘贴到墙面上，用瓷砖隔离条分隔瓷砖。重复这一程序，将镜子其他三边都粘好瓷砖，等待干燥。

干燥后，移走瓷砖隔离条，使用瓷砖勾缝剂勾缝，再用湿布将多余的勾缝剂清理干净，等待干燥。

⏳ **2 小时**
外加干燥时间

你需要准备

- 镜子
- 钻
- 螺钉
- 螺钉旋具
- 瓷砖胶粘剂
- 瓷砖
- 瓷砖隔离条
- 瓷砖勾缝剂
- 干净潮湿的布

花浴帘

将白棉布铺在用报纸或塑料布遮盖的平台上，用织物着色笔在棉布上画简单的线条花，或者制作一个简单的模板来画这些图案。如果有必要，再描一遍线条以达到平滑的效果。让它干燥，你也许需要使用熨斗使织物着色固定——这要根据产品说明书来确定。

用两片PVC将棉帘夹在中间保护起来，把三层放在一起配上夹子和挂钩，挂到浴帘杆上。

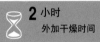

⏳ **2 小时**
外加干燥时间

你需要准备

- 素白的棉布
- 报纸或塑料布
- 织物着色笔
- 两片PVC或透明的浴帘
- 浴帘夹和浴帘钩

油漆踏板

确保踏板是清洁干燥的，把它放在报纸上，涂一层木头底漆，然后等它干燥。

用油漆仔细地涂刷踏板的顶部，等它干燥。接下来涂刷踏板的周围边缘，再等待干燥。

给踏板顶部刷第二遍油漆，干燥后，再给边缘刷第二遍油漆。

⏳ **45** 分钟 外加干燥时间	🖌
你需要准备	
• 未漆面的木头踏板	
• 报纸	
• 木头底漆	
• 漆刷	
• 油漆	

快速遮蔽

当你需要独处不受干扰时，用半透明的纸将透明窗小心地遮挡起来是一个好办法。应使用与室内设计相协调的颜色，或者增添些明亮的图案。

测量玻璃窗格的尺寸，用描图纸或其他半透明纸（但不能用透明纸），按玻璃窗格的尺寸形状裁好。将卵形杯或类似物件放在彩纸上画一些圆圈，然后把这些圆片整齐地剪下。

用白纸裁出窗格的形状作模板，使用尺子和铅笔在上面画出网格，取一张裁好的半透明窗格纸放在白纸模板上面，利用网格确定彩色圆片的位置，将彩片粘贴到半透明窗格纸的适当位置上，并重复这一步骤将其他的窗格纸粘贴好。将每一张半透明窗格纸的背面喷上喷胶并粘贴到窗玻璃上。

⏳ **1** 小时	🖌
你需要准备	
• 尺子	
• 描图纸	
• 卵形杯	
• 彩纸	
• 铅笔	
• 白纸	
• 喷胶	

把手和挂钩

陶瓷锦砖卫生间卷筒手纸架

在你贴瓷砖墙面时空出一块瓷砖或从已经贴好的瓷砖墙面上小心地取下一块瓷砖,再从整片陶瓷锦砖上裁出大小合适的一块,用瓷砖胶粘剂将陶瓷锦砖粘贴到缺口上,让它干燥。

用勾缝剂将瓷砖间隙勾缝,等待勾缝剂干燥。在你要钻孔安装卷筒架的位置上先作个标记,将胶带粘贴到陶瓷锦砖上保护好这一位置,以防钻孔时瓷砖碎裂。钻孔后用螺钉将卷筒手纸架安装固定到这个位置上。

⌛ 2 小时 外加干燥时间

你需要准备
- 一整片陶瓷锦砖
- 手工刀
- 瓷砖胶粘剂
- 瓷砖勾缝剂
- 铅笔
- 胶带
- 钻
- 卫生间卷筒手纸架
- 螺钉旋具

石头门把手

打磨浮石的底部使它尽可能的平整,在平整表面部分涂上强力胶,然后把它粘在门柄上,找个位置将它固定牢固,等待干燥。

在你要安把手的位置上作个标记,然后把它安装在标记的位置上。这类把手还适合用在壁柜上。

⌛ 45 分钟

你需要准备
- 浮石
- 砂纸
- 强力胶
- 平的门柄
- 铅笔

海边饰品抽屉拉手

将旧五斗柜上的把手去掉,并用砂纸轻轻打磨木头。用海蓝色的油漆涂刷柜身以配合你选用的把手,如有必要就再涂刷一遍油漆,然后等待干燥。

在柜子上测量并标记好新把手的位置,用螺钉将它们固定到各自的位置上。

2 小时
外加干燥时间

你需要准备
- 砂纸
- 油漆
- 漆刷
- 尺子
- 铅笔
- 海边主题的门把手
- 螺钉旋具

装饰性毛巾挂钩

用尺子和铅笔在你要安装挂钩的墙或门上画一条直线,用水平仪检查直线是否水平。测量出挂钩的确切位置,让它们沿着直线等距离分布。用螺钉旋具将门柄安装到墙或门上。

给家中每人一个特别的挂钩是个好主意,可以为每人选择一个不同的门柄。

30 分钟

你需要准备
- 尺子
- 铅笔
- 水平仪
- 玻璃门柄
- 螺钉旋具

色彩的冲击

最朴素的浴室也能用色彩明亮的摆设使其变得活跃。为了保持简洁而醒目，只选两到三种颜色相搭配即可。

▲ 塑料贮物箱既便宜又实用，还可以与其他塑料物件搭配成系列。

▲ 用彩色的浴液将素玻璃瓶装满，来配合你的色彩设计方案。

▼ 如果你的浴室很小，就要利用好包括门后在内的每一处可利用的空间。将换洗的东西装在拉绳收口的袋子里挂在挂钩上，同时还可以挂毛巾。

▲ 在浴室里使用橡胶吸盘非常适合，它能吸牢而不会滑脱。如果你缺少空间，就在你的瓷砖墙上使用吸盘，然后在上面放化妆用品。

▲ 定制一些与你的色彩方案相协调的贮物罐或添加一个对比色。

▲ 如果你不能添置贮物家具或者没有太多的空间，素色的盒子可以成为既便宜又有效的贮物设施。用素色的或彩色的纸将它们包覆好，在每个盒子的前面粘上标签或说明，这样你就可以准确地知道盒子里面是什么了。

有趣的组合

用醒目的色彩组合创造一个有趣、明亮和令人兴奋的儿童浴室。

▼ 一个简单而又快速的在浴室中增添色彩的方法是将你的毛巾染色。你甚至可以把名字标签钉在上面作为个人的标志。

▲ 用瓷砖涂料在瓷砖上面画上引人注目的壁画，为孩子创造一个多彩刺激的环境，甚至孩子们可以自己参与作画。

▲ 彩色瓷砖是增添色彩的一个很好的出发点——它们可以被很随意地粘贴，也可以组成一定的图案。

▲ 使用彩色的肥皂让你的洗浴时光变得活泼有趣，这些都是添加装饰色彩的便宜方式。

▲ 把浴帘环换成彩色装饰环，将它们穿在浴帘杆上，再用夹子夹住浴帘，也可以直接把装饰环缝到浴帘布上。

▲ 用好玩的图案拼缝料自己缝制浴室用的软家具。从彩色布料上剪下方形块，将它们缝到洗衣袋和储物口袋上。裁剪孩子们名字的起始字母和年龄来制作独特的私人储物袋，这是多么有趣呀。

鲜艳的瓷砖

用色彩明亮的瓷砖彩色条带，营造一个鲜艳、刺激的浴室。

这种色彩艳丽的风格能用于完全白色的浴室，从自然的白墙面开始实施。这一效果最好应用于一至两面瓷砖墙，再多就会显得太多了。一旦你计算好需要多少块瓷砖和你要覆盖的面积，就选择四种不同的活泼色彩的瓷砖，像蓝色、黄色、红色和紫色。将瓷砖沿着水平线粘贴成彩色条带。

为了真正达到明亮效果，你甚至要再选一种颜色作地板。这间浴室推出的是胶合木地板——达到相似效果最实用的选择是采用木纹效果的乙烯树脂地板，因为实木地板对于非常潮湿的环境是不适合的。

安装一个百叶窗帘要与瓷砖相协调——可以是海蓝色的或黄色的。这是一个色彩丰富的浴室，所以最好选一套白色的浴室卫生套件来衬托彩色瓷砖。如果你还想添加搁物架，就再摆放上几件彩色物件来强调这一主题。

还可以有哪些改进？

- 一套彩色的浴室卫生套件来配合瓷砖
- 瓷砖采用随意的组合方式或沿纵向排列
- 彩色的墙面

▲ 这个新颖别致的搁物架很好地利用了多余的空间，同时将浴缸与浴室其他部分分隔开。

▲ 选择一款现代流行的彩色百叶窗来营造特别的效果。所选的颜色应与瓷砖颜色相协调。

▲ 假花是给浴室增添色彩的快速易行的方法，同时也给浴室带来愉悦的元素。

海水风情

用海蓝色和陶瓷锦砖创造出一个迷人而实用的家庭浴室。使用防水的墙纸制造陶瓷锦砖效果是最简单的一种方法。

这个富有激情的浴室设计创造出一个使人振奋的环境，同时明度适中的水色墙面给房间以新鲜的活力。

从适用性和耐久性考虑，采用相似颜色的PVC（乙烯基树脂）地板砖来配合其余部分的设计。为了增强效果，地面添加了一点点儿光亮度。

为了保护涂料墙面，沿着浴缸的长边放置一块普通玻璃或有机玻璃的防溅背板是值得的，尤其是当你的孩子还小的时候。

搁板应设在小孩够不到的合适的高度。陶瓷锦砖效果墙纸能使旧柜子焕然一新，同时也用于搁板的边缘以增加装饰效果。试着在白瓷砖块之间嵌入真正的陶瓷锦砖来进一步加强最终效果，尽量减少附属配件摆设，以使整体印象轻松愉快。

还可以有哪些改进？

- 橡胶或石材地板砖
- 镀铬的附件
- 色彩明亮的墙面并用陶瓷锦砖镶边或分格

▲ 玻璃搁板很适合用于海蓝色的浴室中，它们增添了清洁、新鲜的感受，同时也融入到整体色彩方案之中。

▲ 这一浴室的陶瓷锦砖效果是很容易创造的。柜子、搁板和浴缸的花边都是用防水的墙纸贴出来的。

▲ 用白色瓷砖点缀的陶瓷锦砖创造了一个丰富多彩的防溅背板。

自然风格

　　自然风格的浴室是用天然材料与色彩相结合创造出的

一个**温柔**、**宁静**的绿洲。这一风格

很容易实现，是**现代的**，**简约**

而不杂乱，或许带有一些传统但

却是**舒适的**。所选的材料像石

头、木材、**竹子**、纯绵、**亚**

麻和藤条——这些粗制的元素

构成了温暖的最终感受。

装饰窗栅

　　用MDF装饰板或旧的暖气罩为一个不开启的固定窗做一个不同寻常的改装。涂刷自然木本色的油漆与你的整体设计相协调。

1 认真测量窗户，按窗户尺寸锯下一块MDF装饰板。或者你采用的是旧的暖气罩，也按窗户的大小锯好。

2 确保窗栅板是洁净、干燥并且没有油污的，然后刷一遍MDF底漆，让它干燥。接下来涂刷一遍油漆，要保证刷到所有的角落和缝隙。等第一遍油漆干燥后，再涂刷第二遍油漆，等待干燥。

3 在窗栅的四角处钻孔，用螺钉将它固定到窗框上。如果你的窗子是凹进去的，应该将窗栅固定在凹进口的前面，让窗栅与墙平齐。

2 小时
外加干燥时间

你需要准备
- 卷尺
- MDF 装饰板或旧暖气罩
- 锯子
- MDF 底漆
- 漆刷
- 油漆
- 钻
- 螺钉
- 螺钉旋具

玻璃洗面盆的盥洗台

将一个简单的自己装配的厨房用推车改造成一个时尚的盥洗台，并且配有高雅的玻璃洗面盆和毛巾杆。

1 如果推车有两个腿比其余的短（为了安装脚轮），就将长的锯短以使所有的腿一样长。再按照顺序将推车组装上，但不要安装顶板。

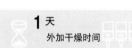

⧖ 1 天
外加干燥时间

你需要准备

- 自制的厨房用推车
- 锯子
- 玻璃洗面盆
- 铅笔
- 圆规
- 尺子
- 钻
- 钢丝锯
- 砂纸
- 铲状钻头
- 木材着色剂
- 漆刷
- 快干清漆
- 水龙头
- 下水管和管道泛水
- 不锈钢毛巾杆
- 木用钻头
- 螺钉
- 螺钉旋具

3 确定好你要安装水龙头的位置，一定要保证不会和推车的结构件发生冲突。用铲形钻头穿透推车顶板为安装水龙头钻一个洞。用木材着色剂将推车全部着色，然后让它干燥。最后刷一层清漆，再等待干燥。

4 将顶板安装到盥洗台上。你可能需要一名水暖工帮你用泛水将面盆安装就位，并将上水管和下水管接通。最后在盥洗台的前面装上毛巾架。

2 将碗形玻璃洗面盆居中倒放在推车顶板的背面，用铅笔绕着它画圆。然后用圆规和铅笔在第一个圆的内部约6cm处再画一个同心圆，这样面盆大约将有1／3坐入顶板以下。在铅笔线的内侧钻一个孔以便插入钢丝锯锯条，然后小心地锯出一个较小的圆，用砂纸把粗糙的边缘打磨光滑，再将面盆放入洞中试试尺寸大小。

陶瓷锦砖墙面

墙面或其他表面使用中色调的陶瓷锦砖能产生一种柔和的、有纹理的效果。

1天
外加干燥时间

你需要准备

- 铅锤线
- 铅笔
- 尺子
- 瓷砖胶粘剂配有槽口铺胶器
- 整片的陶瓷锦砖
- 瓷砖隔离条
- 工艺刀或剪刀
- 勾缝剂配有刮板
- 干净的湿布
- 干燥的布

1 保证所有的表面都干净平整。用铅垂线、铅笔和尺子在墙面中心画一条垂线，并从这里开始贴瓷砖，从墙的中心贴向角落。

2 用开槽口的铺胶器将胶粘剂在墙面上铺一薄层，涂抹范围是第一片陶瓷锦砖将覆盖的区域。保持铺胶器的槽口始终与墙面接触，这样能保证获得一个连续的3mm厚的涂层。

3 将第一片陶瓷锦砖粘贴到墙面上。在瓷砖片之间使用塑料瓷砖隔离条以确保缝隙连续一致。按你的方法从中心到角落将你要覆盖的区域粘上瓷砖，一块一块地涂胶粘贴瓷砖，这样在你粘贴瓷砖之前胶粘剂不会干掉。你可以裁剪瓷砖片以便粘贴凹槽部位和墙的边缘部分，粘贴的方法相同。

4 胶粘剂一干就在瓷砖间勾缝。一片一片地勾缝比一气儿勾完好，因为勾缝剂干燥得很快，而且干燥后很难清除。用湿布清除多余的勾缝剂然后等它凝固。一旦干燥，用一块干布将表面擦干净并擦亮。

质朴的镶板

用优美的、色彩淡雅的企口木镶板改变平淡的墙面。

1 测量墙面计算你需要的企口板的面积，然后按尺寸裁好或自己动手锯好板条。

2 在一个平整表面上铺一些报纸并将板条放在上面，给板条涂刷一层无光乳液或木质透明漆，这要看你想要获得什么样的效果。木质透明漆的遮盖力很轻，能让木纹理显露出来，用水稀释的无光乳胶漆也可以获得这种效果。如果有必要，等第一遍涂层干燥后再刷一遍涂层，然后等待干燥。

1 天
外加干燥时间

你需要准备
- 卷尺
- 铅笔
- 尺子
- 锯
- 企口镶板
- 报纸
- 无光乳液或木质透明漆
- 漆刷
- 2.5cm 软木板条
- 水准仪
- 钻
- 5cm 的螺钉
- 螺钉旋具
- 墙塞
- 2.5cm 镶板用钉
- 锤子
- 锯下的小木头块
- 冲孔钉
- 木材腻子
- 砂纸
- 装饰线条或搁架

3 将软木条水平地钉到墙上用来支承企口板，一般需要三排板条，让排与排之间间隔约为40cm，用水准仪检查一下它们是否水平。在软木条上钻孔，让孔间距大约为30cm，靠墙按住木条将钻孔的位置标上记号，在墙面标记处钻孔，然后打入墙塞，最后再用螺钉把木条拧到墙上。

4 测量并标出企口板将要开始安装的位置，将第一块板靠墙就位，要让企口的方向朝着你将要继续安装的方向，用水准仪检查一下是否水平，再用镶板钉将企口板钉到软木条上。靠着第一块板滑动安装下一块板，用锤子轻敲就位，敲打时要用一个小木块保护企口板的边缘，用钉子钉好就位。重复这一程序将墙面覆盖好。

5 将钉子头打入木板表面以下，用腻子将钉孔填满并用砂纸磨光，再用油漆润色一下。最后沿顶部安装装饰线条或搁物架。

自然风格的储物设施

用粗麻织物装饰的油漆桶

用油漆桶来装肥皂和一些小物件可以充分利用容器空间。裁一长条粗麻布,宽度相当桶的高度,长度要足够绕桶一周,从粗麻布的边缘抽出几条线,可以得到很漂亮的毛边。用胶把粗麻布粘到桶上等待干燥。

⏳	**15** 分钟 每只桶	🖊

你需要准备

- 油漆桶
- 粗麻织物
- 剪刀
- 强力胶
- 酒椰叶丝带
- 标签卡

用一长条酒椰叶丝带将棕色的标签卡系在适当的位置就制作完成了。

浴室储物单元

先用无光乳胶漆涂刷储物单元,如有必要等干燥后再刷一遍。

⏳	**4** 小时 外加干燥时间	🖊

你需要准备

- 未完工的带抽屉的储物箱
- 自然色调的无光乳胶漆
- 涂料刷
- 钻
- 水准仪
- 铅笔
- 墙塞
- 螺钉

拿出抽屉,在储物单元背板大约两个抽屉中间的位置钻孔,举起中间的单元放在合适的位置,用水准仪检查是否水平,然后在墙上标出几个打孔的标记。

在墙上钻孔,塞入墙塞并用螺钉将第一个储物单元安装就位。依次重复将其他单元安装就位。如果你喜欢敞开的搁架,将抽屉取出即可。

方便灵活的墙上贮物柜

在浴缸的端部增添一个贮物柜可以获得很多空间。在购买贮物柜之前要仔细测量剩余空间的尺寸，以确保合适。

在柜子后面钻四个螺孔，顶部两个底部两个，用锥子或铅笔在墙面上标记出孔的位置。

在墙面标记处钻孔并插入墙塞，用螺钉将柜子固定到墙上。

1 小时

你需要准备
- 贮物柜
- 钻
- 锥子或铅笔
- 墙塞
- 螺钉

迷你小柜

量好并裁下适合盒子框架尺寸的胶合板作搁板，用砂纸将边缘打磨光滑。将盒子框架和搁板涂刷一遍底漆，然后刷两遍油漆等待干燥。

等框架干后，按框架背板的尺寸大小量好并裁下一块壁纸，粘贴到背板上。用小搁板托座和螺钉将胶合板搁板安装在合适的位置。

1 小时
外加干燥时间

你需要准备
- 盒子型框架（你可以用MDF板制作一个）
- 搁板用胶合板
- 砂纸
- 木材底漆
- 油漆
- 漆刷
- 壁纸
- 尺子
- 铅笔
- 剪刀
- 胶粘剂
- 两个小搁板托座
- 螺钉
- 螺钉旋具

触摸自然

涂料印花画

（用描图纸）描下一个叶子或花的图案，将它复制到薄卡片上并剪下来。

在浴缸的上方量好3个相等的矩形框，并（用遮护胶带）遮挡好，用绿色涂料涂刷矩形块并让它干燥。在每个矩形之中再遮挡出一个小矩形。

在图案卡片的背面喷胶，并在每个小矩形框中粘贴一个图案卡片，用棍子将白色涂料涂在小矩形框内，可直接从图案卡片上涂过。干燥后剥下卡片并去掉遮护胶带。

 2 小时
外加干燥时间

你需要准备
- 叶或花的图案
- 描图纸
- 铅笔
- 薄卡片
- 剪刀或工艺刀和刻刀垫
- 卷尺
- 遮护胶带
- 绿色涂料
- 辊子
- 喷胶
- 白色涂料

香草袋

裁两块矩形的透明硬纱，大约15cm × 10cm。把它们缝在一起，留出一边开口做成一个小袋子，将它翻转到正面，并用像薰衣草和迷迭香这样的干香草装满袋子，再用一条与硬纱相配的丝带将袋子系好，放在抽屉里可以薰香你的衣服或内衣。

 20 分钟
每个袋子

你需要准备
- 透明硬纱布
- 剪刀
- 缝纫机或针和棉线
- 干香草
- 丝带

竹制窗帘

削 3 根与窗宽度一致的竹竿并用园艺编织绳在两端将它们绑在一起。再削一些与窗长度相当的竹竿，约短 7.5cm 留出园艺编织线占的距离。

在竹竿的一端粘上一圈遮护胶带以防止它裂开，用手钻穿透竹竿打一个孔洞然后揭下胶带，重复这一过程，做完其他的竹竿。

取两根竹竿,用一根园艺编织绳从两根竹竿孔洞中穿过，并在两端都打上结，在两根竹竿之间留出大约 10cm 长的编织绳。用同样的方法将剩余的竹竿搭配成对。

在窗框上拧两个钩环，将三竹竿横杆安装就位，再将系着竹竿的编织线挂在横杆上，并让竹竿一边一根，同时要均匀地把它们分散开。

> **3 小时**
>
> **你需要准备**
> - 竹竿
> - 小锯或工艺刀
> - 园艺编织绳
> - 遮护胶带
> - 手钻
> - 两个带螺纹的钩环

刺绣贴花窗帘

量好窗帘的长度，按此长度裁出一条或两条宽度范围在15—30cm 的刺绣材料,记住每一边都要留出一些余地做边。

用针和线或通过熨边用的带子熨烫,将刺绣材料的边缘处理整齐，钉好位置,然后将刺绣图案缝到窗帘上,要保证它们悬挂起来是垂直的。

另外，你还可以在窗帘的底部添加一条水平的刺绣图案。

> **1 小时**
>
> **你需要准备**
> - 素色窗帘
> - 卷尺
> - 刺绣材料
> - 铅笔
> - 剪刀
> - 针和线或熨边用的带子

纯静的风格

　　在很少的几种颜色中添加简单的元素可以获得一个清纯而宁静的浴室。玻璃的瓶子、自然的瓷砖和一些如植物和鹅卵石之类简单的点睛之笔，就是你所需的全部。

▲　一个细长的白色窗前盒子里面的青青绿草给室内带来了自然的气息，补充了自然的材料和纯白的元素。

▼　简单的玻璃瓶子可以将一整袋的棉花球或类似的物品装下，这样你就不需要用壁柜来存放剩余的部分了。

▲　使用简单的锡罐作贮物罐。你甚至可以通过在锡罐上打孔自己动手装饰锡罐，或者在锡罐上添加一些小装饰片。

▲ 有些植物刚好喜欢浴室的潮湿与温暖，选择一个与浴室色彩相协调的花盆。

▲ 限制你使用的颜色，仅用几种中性的色调进行搭配。通过不同材料的质地和纹理来彰显特色，例如陶瓷锦砖。

▲ 帆布是一种非常完美又不贵重的自然织物，用它可以制作软家具和一些物件，例如洗衣筐。

乡土气息

由天然材料制成的一些质朴的饰品是浴室中理想的点睛之作。藤条、柳条、木头和竹子都能增添质感和情趣。

▼ 一个结实的洗衣筐，当上面添加一个垫子后就可兼作凳子使用。

▲ 用一个柳条购物篮来存放毛巾或化妆品。将木材带进你的浴室做一些小饰品，比如一个木制踏板。

▲ 用稻草围住的蜡烛给这个自然风格的设计增添了质地感，带来同样效果的还有木质的皂盒和洗浴架。一个有许多抽屉的小柜子为存放清洁用品、肥皂和化妆品提供了很多空间。

▲ 这个柜子是迷人的木头框架与深而且实用的编织篮抽屉的组合。

▲ 购物篮或园艺筐为毛巾和卷纸提供了很大的空间。

▲ 柳条、藤条和木材在一起是完美的搭配,创造出不同的质感。阿里巴巴（Ali Baba）篮以它们柔和的曲线增添了乡土气息。

天然材料

用柔和、清淡色调的天然材料装点你的浴室。使用天然的木材、素的陶器和石头等饰品配和纯白或乳白的毛巾来实现这一效果。

▲ 把不同的材料组合在一起产生一种引人入胜的感觉。这里，一个石质的贮物罐带进了设计的特色。

▼ 在空的Kilner罐中装入浴室盐，再加入一些新鲜的香草和几滴芳香油。几束香草和尤加利树枝能给房间带来自然的芬芳香气。

▲ 木质的葡萄酒箱子是很时尚又实用的贮物箱，它们很易于码放，并且可以免费从当地的葡萄酒零售商那里得到。

▲ 将天然的洗浴产品装填在木制的洗浴架中增添了自然的感觉，将木头漆成白色得到更加淡雅的效果。

▲ 一个稻草垫子、柳条洗衣筐和木质的附件更增强了这个独立式浴缸的怀旧风格。

▲ 一个大的绒毛毛巾制成的漂亮的袋子。对折并将两边缝上制成一个袋子，把顶部边缘折回缝起形成一个双边，穿上一根粗绳做成拉绳收口。

东西方的融合

将中色调和天然的材质结合创造出时尚的东方浴室。

使用中色调的组合很难出错。选择一种浅蘑菇色作为墙面，再用一些简单的方块印章加上灰白的、有金属光泽的涂料制造出棋盘的效果。或者，你也可以使用一些装饰图案，但那样会显得更保守。

这一浴室以防水地板块为特色，是一种聪明实用的铺地方法。防水地板块是纵横间隔地铺在混凝土地面上部的，这样木块就可以在两个方向上进行胀缩了。

乳白色的百叶门将阳光反射进室内，同时墙上的金属涂料也产生高亮度的反射。为延续这一风格，添加了雕刻的木质家具和深色的柳条或竹子的贮物筐。屋外的竹子植物也增添了东方的感觉，一些精选的少数民族艺术品，像浴缸上面的柳条圆盘，可以收到非同一般的画龙点睛的效果。添加一些中色调的毛巾，比如柔和的灰棕色和乳白色，再搭配一些褐色和黑色的小饰品以突出主题。

还可以有哪些改进？

- 长条地板块或木地板
- 中色调的少数民族脚垫
- 素色墙面

▲　使用草编或藤条的垫子使脚下有柔软的感觉，并且增添了日式风味。

▲　雕刻的木饰件与整体的设计完美地协调，同时与银灰加中色调的墙面形成可爱的对比。

▲　如果少数民族木质家具太昂贵，可以选择天然的柳条或藤条编制的贮物箱。

▲ 为了增添适合这一色彩设计的自然装饰，采用一些植物和装有小鹅卵石的花盆是一种便宜的方法。

▲ 曲线形的铬合金毛巾架能使毛巾存放整洁，而且还不占用很多空间。

▲ 一条简单的陶瓷锦砖给平淡的墙面增添了色彩和情趣。

自然的曲线

这款谦逊但时尚现代的浴缸造型是小浴室的理想选择。

一个 D 形的浴缸很适合用在较短的空间中，同时它也是表现这一曲线风格和强调简洁的关键。

这个浴室采用浅色方案给人感觉空间和亮度都增大了，白色的瓷砖加强了光线的反射并且和这简约的风格保持一致。墙面涂成白色或柔和的中色调比如乳白色，再简单地添加一点点绿色陶瓷锦砖作为强调色增加情趣。地面是浅色仿木地板，因为是用乙烯树脂制成的，所以很易于清洗。

在这的确很小的房间里充分利用浴缸顶端的空间安装一个壁柜，同时它还有助于遮挡不好看的管线。曲线波浪形的镜子增添了情趣，同时也增加了亮度和空间。如果你找不到曲线形的镜子，可以到建材商店那里用矩形镜子现场裁出。最后，添加一些植物、绿色饰品和毛巾，与镀铬合金配件和山毛榉一起作为点缀。

还可以有哪些改进？

- 中色调的地板或地毯
- 黄铜或金色替代镀铬合金
- 山毛榉配件

回归自然

使用竹子、陶器和乳白色这些来自自然的灵感营造出一个宁静的绿洲。

这一浴室依靠粗糙的质地和自然的材料带给人一种温暖的感受。这款卷边的浴缸是个焦点，它与传统风格的面盆很相配。墙面和浴缸的外表面都涂上了乳白色，为整体效果提供了一个浅淡的背景。

深樱桃红色的硬木地板为整个浴室增添了极好的富贵效果。竹子是这一浴室装修的关键，从搁物架到小饰品再到毛巾架都创造出了一种质地感受。

洗面盆上面的木框镜子同房间中浓重的木色调保持了一致。添加的配件饰品都是自然的颜色，比如乳白色和赤土色的毛巾，有着可爱的自然表面的质朴的皂石碗。一个带有土红色刺绣花图案的透明薄纱帘与浴室色彩相协调，给房间增添了一个简单的图案装饰。

还可以有哪些改进？

- 任何中色调的浴室套件
- 深棕色或赤土色的墙面
- 浅色木地板和附件

▲ 用天然产品如竹子制作的搁架能创造出一种独特的感受。

▲ 彩色的毛巾给这一木制且粗糙的浴室添加了柔软的感觉。像乳白色和赤土色这样的自然色彩给设计增添了温暖和富贵感。

▲ 地板在给浴室带来自然感受的同时也丰富了色彩。

自然的东方神韵

使用竹子、柔和的薄荷绿和木板条块给你的浴室增添东方的神韵。

乳白色或白色的浴室套件始终是明智的选择，它能成为众多的不同风格的基础。采用柔和的薄荷绿涂刷浴室墙面，获得一个清新宁静的背景。一个基本的防溅背板的全部所需就是——在面盆的上面和浴缸的周围粘贴几排乳白色或白色的面砖。为了快速获得新意，在浴缸的侧板上安装长条的竹竿，它们需要用细麻绳系好并安装固定。竹制的毛巾梯子也延续着这一主题。

这一设计中东方灵感主题运用得很出色。这里，简单的画框是用涂料在墙上涂刷出来的，并且在每一个画框中间都制作了一个美丽的叶子图案。地板都装上了白色的木踢脚，给房间增添了纯净和简洁的感受，同时木板条块被当作浴垫来使用。配件饰品的颜色应保持在两到三种色调以内，以保持整体简约的风格——这束柔美的紫丁香花用来作为淡淡的对比。

还可以有哪些改进？

- 乳白色的地面砖
- 柔和的浅褐色或浅黄色
- 瓷蓝色代替薄荷绿

▲ 这个竹制的毛巾梯子增添了质朴的感觉，同时也提供了一个富有情趣又很实用的存放毛巾的方法。

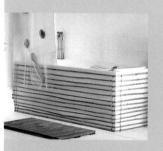

▲ 竹子的主题贯穿了整个房间，注入了独特的东方神韵。

▲ 带有树叶图案的浴帘给浴室带来了精致的亮点。

震颤派风格

来自实用的震颤派的灵感,带给你浴室光亮、透气的感受。

这间透气的浴室结合了震颤派的好几种特性因素。从简单的浴室套件开始——以维多利亚或爱德华风格为基础的完美体现。这里,一个经典的卷边浴缸强化了浴室的特性,浴缸的外表面涂成了米灰色。墙面涂刷成白色给人一种清新纯净的印象,同时木护板显示了震颤派的风格。

震颤派家装的主要特征是选用天然的材料——这一点反映在浴室装修的木表面上,或保持裸露,或只是上了清淡的着色剂,或使用清漆。家具的设计应该朴素而简洁,最好是浅色木质的。挂衣钉采用的是震颤派的经典风格,可以用来挂浴室的附属物件甚至画框。自然色调的格子地面增添了精致的色彩和情趣。这一装饰的精髓是简洁而不混乱,所以用盒子或罐子贮存每一件物品以保持整洁。

还可以有哪些改进?

- 米灰色地毯
- 浅色或白色的木家具
- 更深的赤褐色或灰绿色

▲ 保持表面的简洁这一效果,只需添加少许关键物品,像贝壳或朴素的蜡台就足够了。

▲ 将主要的部分涂成白色或米灰色将使房间内的细节部分看起来更纯净、更显突出。

▲ 使用浅色图案的油地毡给人一种震颤派手工编织布的印象。

海洋风格

海洋的主题非常适合用于浴室中，它可以是**简洁明快**的，也可以是精致复杂的或是**好玩有趣**的。依照你想要获得的效果和风格的不同，有众多不同的海洋主题和广泛的选择范围——或者整体采用海洋风格，或者只是添加**一点点**儿海洋的回声。**水**的色彩，从水绿色到鲜艳**醒目**的**蓝色**都是这一效果的基调。海洋风格可以营造出**一个有趣**的家庭浴室，也可以为任何家庭创造出一种**现代**或**传统**风格下的**清新**、简约且**时尚**的效果。

海滩镜框

选用美丽的海贝壳制作一个装饰性的镜框。

1 将4条木板放在一个工作面上，彼此相对粘在一起做成一个木框，用较长的木条做上框和下框。等胶干后，在背面用连接钢片将连接点加固。

2 安装挂绳，在上框上标两个记号，让它们到两边等距，在标记处钻透两个1cm大小的孔。

3 先将木框涂一层木底漆并等待干燥，再涂一层浅蓝色的涂料，等待干燥。然后在蓝色漆上面刷一层乳白色的涂料罩面，等干燥后，用细砂纸打磨表面直到一部分蓝漆透过乳白色显露出来。

4 在木框上面设计摆放一些海贝壳，并用强力胶将它们粘到适当的位置上。将粗绳从孔中穿过，并且在木框前面一边打一个结固定。

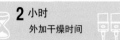

2 小时
外加干燥时间

你需要准备
- 两块40cm长的软木厚板
- 两块30cm长的软木厚板
- 粘木用胶
- 连接钢片
- 螺钉
- 螺钉旋具
- 卷尺
- 铅笔
- 钻
- 漆刷
- 木底漆
- 浅蓝色的乳胶漆
- 乳白色的乳胶漆
- 细砂纸
- 贝壳
- 强力胶
- 粗绳

印制的陶瓷锦砖墙

用陶瓷锦砖印章和彩色涂料创造一个梦幻般的美丽陶瓷锦砖墙面。

1 用铅笔在泡沫橡胶上画出 2cm 见方的网格，将两个格子之间的泡沫裁掉一条，留下突出的方块"瓷砖"。把浴室的墙面刷成白色等待干燥。

2 在一块平板或平盘中轻拍一些白色、浅蓝色和深蓝色的涂料，并粗略地混合。把泡沫印章放在混合涂料中。在你直接往墙上印之前，先在一片废纸上

⏳ **5 小时**
外加干燥时间

你需要准备
- 铅笔
- 尺子
- 可压缩的发泡橡胶
- 工艺刀
- 白色乳胶漆
- 漆刷
- 淡蓝色乳胶漆
- 深蓝色乳胶漆
- 平板或平盘
- 废纸

练习一下，帮助你掌握所需的合适的涂料数量，以达到预期的效果。

3 当你对自己的技术感到满意时，就可以对墙面施工了。从墙的一侧或底边开始以便使图案尽可能地保持垂直和水平。将印章紧压在墙面上，然后小心地移开，再换到下一块墙面上。你可以用铅笔在墙上画标线来帮你保持平直。重复印制直到所有区域都盖满，然后等待干燥。

贝壳瓷砖

用瓷砖漆给素色瓷砖做一个有趣的装饰。一旦瓷砖被涂好装饰漆，你就可以把它们作为漂亮的镶边砖贴到墙面上了。

1 自己画瓷砖比你想像的要容易。当你要徒手作画时，有一个很好的主意就是给每个瓷砖设计一个参考形象（例如，一幅照片拷贝）。

1 天
外加干燥时间

你需要准备
- 贝壳图案的拷贝
- 白瓷砖
- 瓷砖漆（包括白色的）
- 画笔

2 用一些不同颜色的瓷砖漆小心地涂满整块瓷砖，使用一个扁刷子会帮你获得一个平整的漆面，你可以将一些瓷砖的上下边缘涂成不同的颜色，并让色彩相互间有一点融合，按照厂商的说明等待油漆干燥。

3 按照拷贝图像用白色油漆仔细地画出贝壳的形状，待油漆干燥后，在白色漆面上面用对比的色彩再添加一些细节，要等待干透后再安装到墙面上。

粗布遮帘

这一遮帘的处理可以允许你按照自己的喜好让光线多进入一些或少进入一些。

1 先测量窗户大小，裁一块相同尺寸的粗布，每一边要额外多出5cm用来缝边。用蓝线围绕织物缝边并熨平。把织物翻到背面，用铅笔或裁缝用粉笔标出孔眼的位置，并确保它们间隔均匀。

2 小时

你需要准备

- 卷尺
- 粗布（或其他海蓝色的织物）
- 剪刀
- 缝纫机或针和蓝色棉线
- 铅笔或裁缝用的粉笔
- 金属孔环
- 钉子
- 锤子

2 围绕着织物在标记过的位置将金属孔环安装到孔眼上，要将遮帘的四周都安装好。沿着窗框的顶部钉一些钉子，确保它们与织物上的孔环配成一组。将孔环钩到钉子上，挂起遮帘，你可以移动孔环到不同的钩上来变换遮帘垂挂的方式。

玻璃防溅背板

一个简单的玻璃防溅背板将给你的色彩方案增添一抹水绿色的点缀，同时也给洗面盆一个轻快且时尚的装饰。

1 测量好你的洗面盆背边的宽度，到建材商店按尺寸裁一块玻璃板，让他们把顶上的两个角磨成光滑曲线。在你要钻孔的位置上贴上遮护胶带以防止玻璃碎裂，在玻璃上钻孔然后揭掉遮护胶带。

2 将防溅背板靠墙放好，穿过孔洞在墙上作好标记，在墙面对应处钻孔，置入墙塞并用螺钉将防溅背板固定就位。要想更进一步地配套协调，你还可以给浴缸也安装一个玻璃背板，按尺寸裁好并用相同的方法把它安装上。

1 小时

你需要准备
- 铁丝网增强的玻璃
- 遮护胶带
- 钻
- 铅笔
- 墙塞
- 圆头螺钉

彩色木花纹

木纹给地板带来迷人的风彩，将彩色木颜料间隔地刷到地板条上，用清漆封面就可获得这一效果，同时也是快速翻新。

1 在开始涂刷地板之前，先要用砂纸除掉旧的漆面并彻底地清理干净。用报纸条和遮护胶带将地板条间隔地遮挡上。

2 充分摇匀瓶装的蓝色木颜料，然后刷到露出的板条上，沿着木花纹，一直刷完每块板条的长度，避免重复。

3 让蓝色板条完全干透，然后揭下遮护胶带和报纸。这回再将蓝色板条遮挡起来，用相同的方法将其余的板条刷成白色。

4 最后，当板条完全干燥后，涂几层地板清漆作保护，以防止地板开裂和磨损。

⏳ 1天
外加干燥时间

你需要准备
- 遮护胶带
- 报纸
- 蓝色木颜料
- 涂漆刷
- 白色木颜料
- 快干地板清漆

磨砂浴室窗

　　将普通的玻璃窗变成高雅的磨砂窗,对于有私密性要求的浴室来说是非常理想的。

1 将窗户彻底清洗干净,然后用遮护胶带将你不想磨砂部分的窗户遮盖上。

2 在你往窗户上喷蚀刻剂之前,先在报纸上做些练习,使自己熟悉喷射的效果。开始工作前先将罐摇匀,避免拧得太紧或太松喷射时容易流淌。

3 接下来,保持15－25cm的距离,用喷雾器将窗户喷上一层蚀刻剂,等待5分钟让它干燥,再喷一层,等10分钟干燥后剥去遮护胶带。如果你想获得更多的装饰效果,可以制作一个模板并将它贴到窗子上来获得一个造型图案(当其余部分制成磨砂效果后模板下面将保持透明)。

⧗ **1** 小时

你需要准备
- 擦窗器
- 布
- 遮护胶带
- 玻璃蚀刻剂或玻璃粉喷雾器
- 报纸
- 模板（任选的）

新颖的瓷砖

　　用新颖的瓷砖更新你的浴室——这种蓝白相间的方块设计很适合用于海洋主题风格。如果原有的瓷砖仍然很牢固，你可以在上面直接粘贴。

1 将原有瓷砖表面的油污和油脂沉着物彻底清理干净，搜寻并清除所有瓷砖之间松动的灰浆。

2 用铺胶器将瓷砖胶粘剂铺在瓷砖墙面的一小块面积上，每次最好只铺一小块，避免在你贴砖之前胶粘剂干燥。

3 在顶头部位仔细地粘贴一块蓝色瓷砖，然后接下来再粘一块白色瓷砖。两块瓷砖之间用瓷砖定位器以确保砖缝均匀。重复这一程序直到贴满整个墙面。等待48小时让胶粘剂干燥。

4 去掉瓷砖定位器，用勾缝剂填满瓷砖间的缝隙，然后用湿布将多余的勾缝剂清掉，并把瓷砖擦干净。

⧗ **6** 小时
外加干燥时间

你需要准备
- 清洁液和海绵
- 旧的刀子或刮刀
- 瓷砖胶粘剂和铺胶器
- 蓝色瓷砖
- 白色瓷砖
- 瓷砖定位器
- 勾缝剂
- 湿布

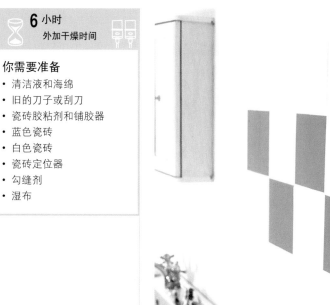

新颖的点缀

带名签的木质挂衣钩

这个简单的小创意在浴室中给每个人开辟一块自己的空间,同时增添了有趣的点缀。给挂衣钩横板或木装饰板涂上油漆或清漆,并让它干燥。将挂钩以均匀的间距拧入装饰板中,再把黄铜名签框固定到挂衣钩横板或木装饰板上,并且为家庭的每一个成员写一个名字标签。在墙面适当的位置把它固定好。

⏳ **45** 分钟
外加干燥时间

你需要准备

- 挂衣钩横板或木装饰板和带螺钉的挂钩
- 油漆或清漆
- 漆刷
- 黄铜名签框
- 名签和钢笔
- 钻
- 墙塞
- 螺钉
- 螺钉旋具

毛巾的修整

按毛巾的宽度剪两段厚的灯芯绒带子,用别针小心地将带子别在毛巾上,把毛边翻折到下面使表面整齐,用手针或缝纫机将每边都缝在毛巾上。

⏳ **30** 分钟
每条毛巾

你需要准备

- 毛巾
- 灯芯绒的带子
- 剪刀
- 别针
- 缝纫机或针和线

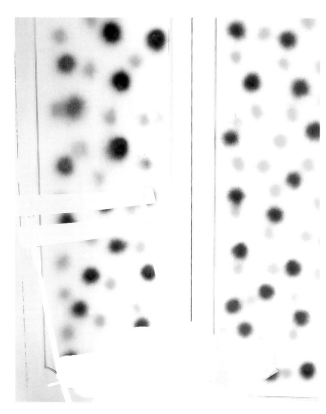

斑点小柜门

运用这个简单的小技巧可以创造出色彩斑斓的不寻常的效果。首先用白油漆将小柜涂白，等待干燥。

用报纸和遮护胶带把柜门板以外的区域遮挡上，要确保全部覆盖。用深蓝色喷漆在门板上喷出彩色圆点，要为添加浅蓝色圆点留出足够的空间。

等干燥后，再重复喷出浅蓝色圆点，在撕掉报纸和遮护胶带之前要等待干燥。

2 小时
外加干燥时间

你需要准备
- 小柜
- 白油漆
- 漆刷
- 遮护胶带
- 报纸
- 深蓝色喷漆
- 浅蓝色喷漆

珍珠贝壳窗帘

将细绳剪成比窗的高度两倍长一些的绳段，把珠子和贝壳穿到细绳上，在每个下面打个绳结来固定，末端用一个珠子结束，绕着珠子将细绳系紧。

将穿好珠子的细绳等间距地系到竹竿上，把挂钩拧到窗框上，再挂上竹竿。

1 小时

你需要准备
- 细绳
- 剪刀
- 玻璃珠
- 贝壳
- 竹杆
- 两个带挂钩的螺钉

海洋的主题

磨砂牙刷杯

将圆环不干胶纸贴（可从文具店中买到）粘在玻璃杯的外表面设计成图案。用喷雾器将玻璃粉喷在玻璃杯的外表面，要保持在15—25cm的距离喷射，以获得均匀的涂层。如果需要等干燥后再喷一层。等漆面干好后，撕掉不干胶贴。

30 分钟
外加干燥时间

你需要准备
- 透明玻璃杯
- 圆环不干胶纸贴
- 玻璃蚀刻剂或玻璃粉喷雾器

鱼形装饰边

使用陶器涂料给素的陶器一个鱼形主题的装饰。环绕杯子边缘下面约2.5cm的位置贴上一圈遮护胶带，用一个扁宽的涂料刷将遮护带以上的部分涂上蓝色陶器涂料，力求环绕杯子干净利索一笔画成。

趁着涂料还湿着的时候，用釉雕露底拉毛工具抹掉一些鱼形的蓝色涂料，让它干燥，然后去掉遮护胶带。

1 小时

你需要准备
- 遮护胶带
- 扁、宽的漆刷
- 蓝色陶器涂料
- 釉雕露底拉毛工具

海贝壳窗

开始先将模板放在报纸上喷射练习来掌握这一技巧,然后在窗户上实施你的设计方案,并用喷胶把模板固定在第一处位置上。用报纸和遮护胶带遮挡模板周围的部分,以便窗户的其余部分不被喷上。

向模板喷射使贝壳图案留在玻璃上,喷射时与玻璃保持15—25cm的距离,以避免喷射流淌。等待喷涂膜干燥,然后移开模板和报纸到下一个位置上,再次覆盖住窗户的大部分面积以防被喷上。重复做其他的图案。

30 分钟	
你需要准备	
• 贝壳模板	
• 玻璃蚀刻剂或玻璃粉喷雾器	
• 报纸	
• 喷胶	
• 遮护胶带	

气泡效果的壁饰

用稀释的清洗剂溶液清洗表面,然后用一块在甲基化酒精中浸过的布反复擦洗,去除任何油污。确保表面完全干燥。

为了做得更完美,使用锋利的剪刀裁剪每一个瓷砖图案,只留下环绕图案的透明塑料的一条小边,在你粘贴前先设计一下每个图案的粘贴位置。

将一个图案的背贴纸撕下,并把图案粘贴到适当位置上,然后用一块干净、无线头的布把它压紧压实,赶走所有气泡。从图案设计的中心部分开始做起并贴向外边缘。避免将图案粘贴到可能被淋湿的地方(例如,淋浴喷头下方)。

30 分钟	
你需要准备	
• 稀释的清洁剂	
• 布	
• 甲基化酒精	
• 瓷砖粘贴图案	
• 剪刀	
• 干净、无线头的布	

蓝色调

蓝的色调，从淡蓝色到海军蓝，水蓝色到鲜蓝色，都有助于强化浴室中的海洋主题。

▲ 给镜框和牙刷杯一个蓝色装饰陶瓷锦砖的处理。

▼ 用白毛巾做一个洗衣袋，加一个漂亮的方格花边使它显得更活泼。用它可以装你要换洗的衣物，甚至是一捆干净备用的毛巾。

▲ 蓝色法兰绒毛巾给这个白色主题增添了一点活泼的色彩。能盖紧的锡罐可以保持脱脂棉和浴室棉签的干燥。给锡罐喷一层白漆，粘上一个从墙纸或礼品包装纸上剪下的图案，再刷一层透明的虫胶清漆保护纸图案。

▲ 在素色浴帘前安装一个长的蓝色大浴巾，给你的设计增添色彩的渲染。你可以用一个大号浴巾——简单地沿着顶部穿孔或缝上带环挂到浴帘杆上。

▲ 深蓝色的玻璃碗可用来盛放肥皂或装饰贝壳。用稀释的白色乳液给素色木地板薄薄地罩面，可获得漂流木的效果。

▲ 用水绿色给旧的箱子、壁柜或抽屉柜一个新的面貌。如果它是三聚氰胺做的，就用三聚氰胺底漆或合适的涂料。

海边饰品

贝壳、漂流木和其他的海边物品能给你的浴室添加迷人的装饰元素。

▼ 你抵挡不住便宜的礼品包装纸的诱惑，可以得到那么多不同寻常的设计图案，你可以将整张装进相框或只剪下一个图像或一个场景。

▲ 在一个玻璃盘中摆放一些海贝壳作为浴室中的一个漂亮的展示，用一个扇贝壳作为肥皂盒。

▲ 用模板和涂料给玻璃灯笼做一个贝壳图案。当灯亮的时候，它将把美丽的图案投射到墙面上。

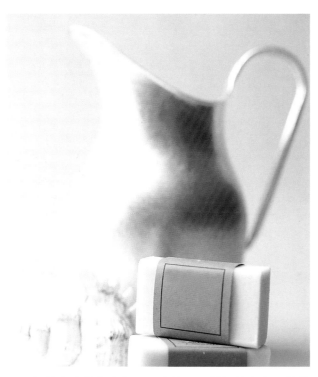

▲ 摆放老式的家庭物品如镀锌金属带柄的水壶，能获得漂亮而又不同寻常的装饰效果。

▲ 帆船模型给航海的主题添加了一个有趣的装饰。

▲ 漂流木在航海风格的浴室中是重要的装饰物，用它来装饰镜子和画框或用它本身直接作装饰物。

海滩小屋

用企口板和小物件在你自己的家中营建一个海滩小屋。

这个纯朴的海边浴室营造的是一种轻松的氛围。从用水平的企口板覆盖墙面开始，不要担心这样会太直白——一些小的板缝还会增强真实感，涂几层用水稀释过的水绿色的无光乳胶漆。为了继续这一风格，在浴缸的侧面也添加企口板，这一次垂直安装，用像墙面一样的方法刷涂料或木透明漆。

木地板或地板条的确有助于实现这一风格，将地板涂上浅浅的苍白的水绿色，以对比用水稀释的墙面颜色；将墙面颜色中添加一些白色涂料也能创造一种苍白色调。或者，直接用白色木透明漆涂刷未经处理的木地面。

选择天然的饰品来装点房间。一个漂流木制成的镜框、粗木的家具和各色各样的贝壳以及卵石，都有助于实现最终的海边风格。

还可以有哪些改进?

- 白色的浴室套件
- 柔和的浅蓝色墙面
- 粗糙的涂漆木家具
- 一个折叠式躺椅

▲ 用做搁架的边角料制作一个波浪栏杆能增添海边的感觉，涂上柔和的蓝色可成为装修的一个亮点。

▲ 一个舷窗突出强化了这一风格。如果没有办法设置，就选一面舷窗镜子做装饰。

▲ 搁架和台面用蓝色和白色的瓷器、贝壳和野花装饰，添加色彩的点缀。

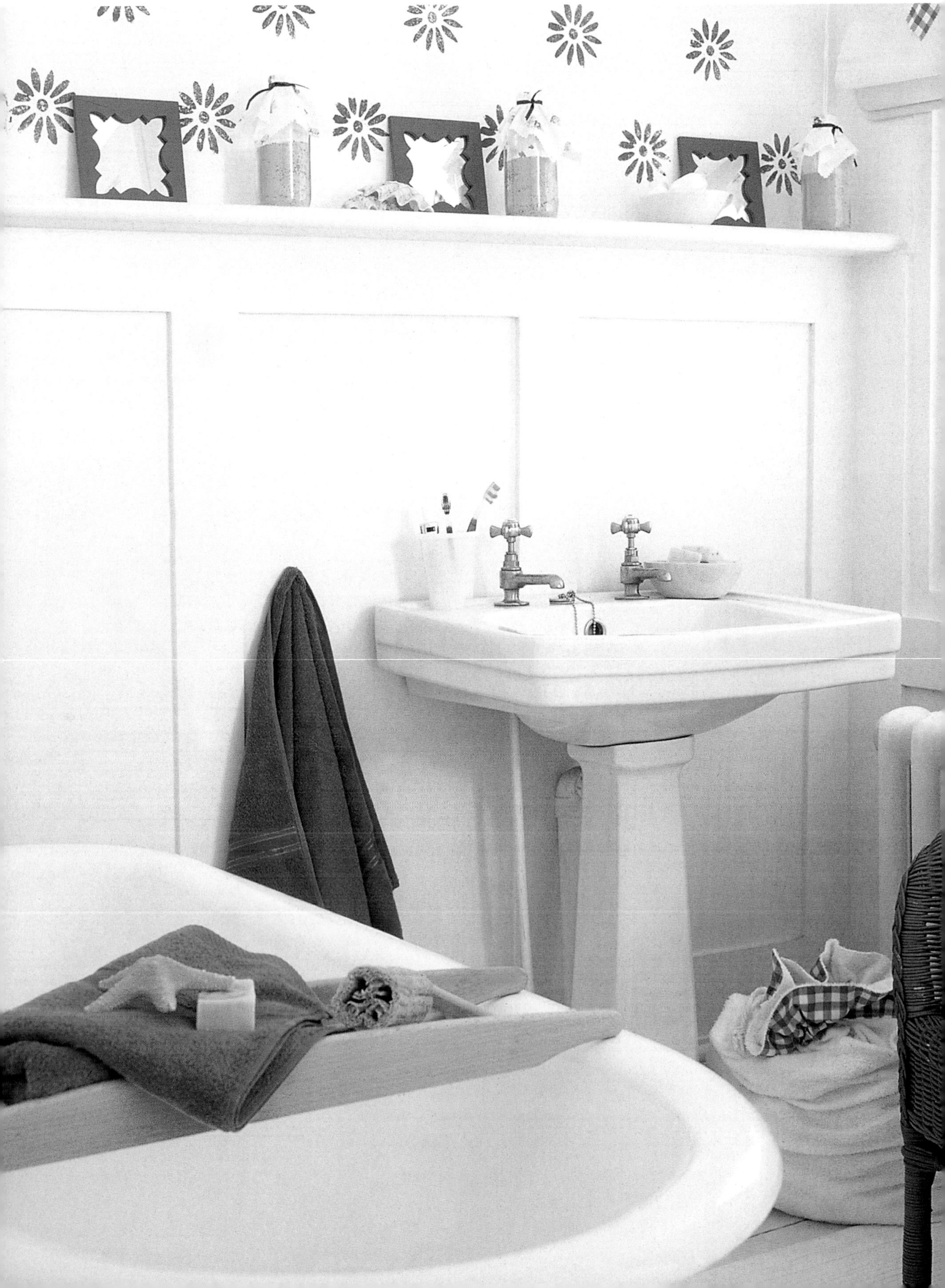

蓝与白

最基本的蓝白两色能创造出新鲜洁净的感受。这是一款简单而又有效的装修，并且可以轻松获得。

首先将墙面涂成乳白色，然后选择墙面的一部分区域作装饰，比如上半部分墙面。用印章创造出你自己的壁纸图案，采用一个简单的图形例如一个基本的花形图案和鲜艳的海蓝色印章涂料或无光乳胶漆，成行或成排地印制彩色图案来形成总体的设计效果。如果你要覆盖一个较大的区域，就先用铅笔和尺子在墙上作好标线。

选用一款白色或乳白色的罗马式遮帘做基层，用与浴室色调配合得当的小方块布在上面作装饰。粗斜纹棉布或有方格纹的棉布配合这一效果最合适。通过边缘熨烫将织物粘到遮帘上，或者采用针和棉线连接。用柔和的乳白色油漆或木透明漆涂刷地板。最后，添加几件蓝色饰品将设计串联起来。

还可以有哪些改进?

- 蓝色或白色有方格纹的棉布遮帘或窗帘
- 中性色调的地毯
- 航海条板的墙面

▲ 使用木制品给整体设计带进来暖色调。添加一些点缀，比如洗浴架、箱子和一些小饰品。

▲ 搁架上排列的彩色浴室盐罐和肥皂形成了多彩又有秩序的陈列，延续并强化了蓝白的主题。

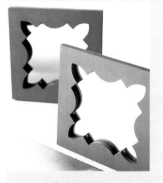

▲ 装饰相框和镜子涂成蓝色为这款简洁的设计添加了动人的图案。

乡村风格

将你的浴室设计成乡村风格可以有各式各样不同的效果。**小配件**和**关键**的细部可以帮你完成这些效果，获得真正的趣味性的建筑设计——或是**折衷主义**的，或是**朴素率直**的，这要看你的需要。**与众不同**的家具和物件，比如很**传统**的部分，能增添分量和特色。采用传统特色营造乡村效果的浴室正好相得益彰，但很**现代**的浴室也能创造出乡村的感觉，只要家具是精心选择的。

系带子的遮帘

用系带的方法提升收起这一特制的遮帘,能制造出美丽的窗饰效果。选择方格的带子与遮帘的布料相搭配。

1 裁一块长方形适合窗子大小的布料,四周都多留出2cm作边,所有的边缘都用熨烫粘贴边用的带子来缝边。

2 裁两条方格花纹的带子,每条长度为遮帘垂放时长度的两倍,在带子的一半处对折,并将带子的中点缝到遮帘的顶端,让带子的一半挂在遮帘的前面,一半挂在遮帘的后面。

3 用自粘拉链胶带将遮帘固定到窗框上,这样遮帘可以反复拿下来清洗。将遮帘布料向上收起到适当的位置,在下面把带子系成蝴蝶结来支撑定位。

⧗ **2** 小时

你需要准备

- 布料
- 卷尺
- 剪刀
- 熨烫粘贴边用的带子
- 熨斗
- 方格花纹的带子
- 针和线
- 自粘拉链胶带

简便搁物架

为了让浴室不显凌乱，将一个普通的木质晾衣架改制成实用的开放型贮物单元，并用带图案的防水布包覆每一块隔板。

1 打开并放置好晾衣架，测量搁板所需要的尺寸，宽度上要额外多加3cm给出悬挂外伸的量。按尺寸裁一块6mm厚的MDF板做搁板。

2 裁两条与搁板长度一致的板条，用粘木胶粘到搁板的两边，再用镶板钉固定。这样可以防止搁板移动。

3 为每块搁板裁一块布，两边要多留出10cm以便重叠搭接。在每个搁板的背面搭接布料并仔细钉好，要拉紧布料以使表面平整。将搁板放在衣架上就位。

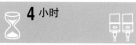

4 小时

你需要准备
- 晾衣架
- 卷尺
- 按尺寸下料6mm厚的MDF板
- 12mm厚的板条
- 粘木用胶
- 镶板钉
- 防水布
- 射钉枪

翻新木地板

用浅色的涂料加上沿房间四周的一圈简单的装饰边来改变素色的地面。

<table>
<tr><td>⏳ 1天
外加干燥时间</td></tr>
</table>

你需要准备
- 低黏着力的遮护胶带
- 浅色地板涂料
- 辊子或人造毛涂料刷
- 软铅笔
- 长尺子
- 深色地板涂料

1 确保彻底清除地板上的污迹、灰尘或油污。用低黏着力的遮护胶带保护踢脚板和门框，防止溅上涂料。

2 用辊子或人造毛涂料刷刷两遍浅色地板涂料，两遍之间至少要间隔4小时让涂料干燥。

3 当涂料完全干燥后，用软铅笔和尺子在地板上画出镶边线，用低黏着力的遮护胶带遮护好轮廓外形，包括外边线。

4 用深色涂料涂满镶边，小心不要涂过遮护胶带。在涂料干燥前揭掉遮护胶带，等待地板彻底干透。

花纹装饰门小柜

给搁物架加一个漂亮的网眼花纹纱门,把浴室杂乱的东西藏在里面。

1 按照搁物架的高度锯两段硬木,再锯两段比搁物架宽度少20cm的小段。用砂纸将两头的刺儿打磨掉,然后将它们胶粘在一起做成门框。

2 等胶干后,在门框内侧连接处用螺钉固定连接加固板,在门框外侧安装上门把手,然后用底漆涂刷门框,等待干燥。

3 用砂纸将搁物架内外轻轻打磨一遍再涂上底漆,让它干燥,然后用彩色油漆涂刷搁物架和门框,等待干燥。

4 将装饰布四周缝边,用装饰图钉固定到门框的背面。把门框放到搁物架前对好位置,将你要安装合页的位置在搁物架和门框上作好标记,钻孔并用螺钉将合页安装就位。

4 小时
外加干燥时间

你需要准备

- 素色的木搁物架
- 10cm宽、12mm厚的硬木板条
- 砂纸
- 粘木用胶
- 连接加固板
- 螺钉
- 螺钉旋具
- 门把手
- 木底漆
- 漆刷
- 油漆
- 网眼花纹布
- 针和线
- 装饰用图钉
- 锤子
- 两个合页
- 铅笔
- 钻

漂亮点缀

老镜框

在镜框的边角处擦上蜡,这样涂蜡处就刷不上涂料了。

把镜框涂成蓝色,等干后,在少许部位上擦蜡,再涂一层米色乳胶漆。干燥后,打磨镜框使一些部位露出木头,再涂一层清漆。

在镜框的两边各钻两个小孔,间隔约1cm,用铁丝穿过小孔,将试管绕紧并在背面拧牢。在试管中填水并插入鲜花。

3 小时
外加干燥时间

你需要准备

- 未经处理的木框镜子
- 蜡烛
- 蓝色乳胶漆
- 漆刷
- 米色乳胶漆
- 砂纸
- 无光清漆
- 钻
- 镀锌铁丝
- 两个试管

罂粟花窗帘扣带

围绕窗帘缠绕园艺绳,要确定没有拉得太紧,然后在背面打结固定。用一只人造花作装饰,比如罂粟花。

 10 分钟

你需要准备

- 园艺绳
- 剪刀
- 人造花

银色水桶

用肥皂和湿布将搪瓷水桶上的灰尘、油渍和污垢彻底清理干净,将水桶坐在一大片报纸上以保护周边的区域,摇匀油漆罐,从左向右轻轻移动地喷涂水桶,注意喷枪不要离桶太近,否

 15 分钟
外加干燥时间

你需要准备
- 搪瓷水桶
- 肥皂和湿布
- 报纸
- 银或铬喷漆

则油漆容易流淌。让它干燥,如果有必要就再涂一层。一旦干燥好,就用鲜花将水桶装满,制造出一个有特色的美丽装饰角。

乡村小桌

如果你的桌子是已经涂有清漆或油漆的表面,就将它打磨光,然后在上直接涂油漆。如果是未经处理的木头,先刷一层底漆,让它干燥,再用辊子涂一层油漆,然后等待干燥。

2 小时
外加干燥时间

你需要准备
- 木质家具
- 砂纸
- 木底漆（任选）
- 漆刷
- 油漆（如半光木器漆）
- 小涂料辊
- 湿布

用砂纸打磨桌角,包括桌腿,露出斑驳的底木。用同样办法处理桌子其余的部分,然后用湿布擦掉尘土,将桌子清理干净。

细致的装饰

挂勾装饰块

用尺子和铅笔在你要安装挂钩的墙面上作出装饰块的标记线,使用水准仪检查是否水平,再用遮护胶带将标记线以外的区域遮蔽起来。

用你选好的颜色涂刷装饰块并等待涂料干燥。在装饰块中要安装挂钩的位置上钻孔,并插入墙塞,再用螺钉将挂钩固定就位。

 1 小时
外加干燥时间

你需要准备

- 尺子
- 铅笔
- 水准仪
- 遮护胶带
- 涂料
- 漆刷
- 装饰挂钩
- 钻
- 墙塞
- 螺钉
- 螺钉旋具

镶边毛巾

按毛巾的宽度裁一条宽边带子和两条蕾丝花边,在靠近毛巾一端10cm处用大头针将带子别在毛巾上,让蕾丝花边从宽带两侧边下面悬伸出来。小心地缝好压边线,然后去掉大头针。

 45 分钟
每条毛巾

你需要准备

- 素色毛巾
- 带图案的宽边带子
- 蕾丝花边
- 剪刀
- 大头针
- 缝纫机或针和线

浴帘罩

测量现有浴帘的大小，裁一块相同尺寸的布，要额外留出缝边的量，将布的四周缝边以防磨损。

沿着顶边等距离地安装金属环，然后再加上浴帘挂勾，最后将布帘挂在你的浴帘前面。

⧗ **3** 小时
你需要准备
• 卷尺
• 格子棉布
• 剪刀
• 针和线
• 金属环
• 浴帘挂钩

玻璃锦砖加贝壳花瓶

用玻璃锦砖和贝壳装饰的玻璃罐和花瓶生动鲜活，玻璃锦砖使这个花瓶产生一种可爱的半透明特质，是一个理想的烛台。

用抹刀在花瓶上抹一层厚度均匀的锦砖胶粘剂，然后仔细地粘上锦砖。在你粘砖的同时，随意地在锦砖间加入一些装饰贝壳，干燥后将锦砖勾缝即可完成。

⧗ **2** 小时 每个罐
你需要准备
• 夹锦砖用钳子
• 锦砖
• 抹刀
• 锦砖胶粘剂
• 装饰贝壳
• 锦砖勾缝剂

甜蜜特色

　　用一些特制的饰品和添加现成的装饰物给你的浴室带进一点儿可爱的特色，透明织物可增添柔和效果，多彩的花饰图案可使素的瓷砖变得生动活泼。运用鲜花和植物也可收到画龙点睛的效果。

▲　特制的带有简洁鲜花图案的素色瓷器。徒手绘制或使用模板绘制的。

▼　一个双层台面的桌子为毛巾和换洗衣物提供了存放空间，同时也为摆放装饰物件提供了台面。

▲　陈年风化的痕迹给任何浴室都能增添魅力，旧的有裂纹的陶瓷花瓶的收集可以形成一个漂亮的陈列展示。

▲ 用透明纱一类的织物制作一个香袋，填满香草系上丝带就可得到一件散发香气的可爱的装饰品。

▲ 用高光的瓷釉涂刷旧的镀锌桶并将它挂在木栓上就是一个时尚的植物花盆。

▲ 绢花给浴室添加一种浪漫的感觉，将它放在花瓶中或插在镜子后面。

▲ 用木制装饰盒存放化妆品和盥洗用具。

▲ 用粗糙的细绳悬挂木制物件和镜框以获得真正的乡村效果。

来自乡村的材料

富有创意地使用天然材料——确保你的浴室带有一些乡土气息并获得乡村风格的装饰效果。

▼ 在小树枝的上边钻或刻一些足够容纳蜡烛的孔来制作蜡台。

▲ 用钢丝篮子存放化妆品，瓶瓶罐罐形成可爱的风格。选用镀锌钢丝以防浴室的蒸汽。

▲ 在墙上挂一行搪瓷吊桶创造不同寻常的特色，同时储物也很方便。

▲ 一个优雅的木梯用作简洁而又实用的毛巾架使生活变得生机勃勃。

美国乡村风格

采用质朴的乡村家具和温和的色彩可使你的浴室形成一种带有震颤风格的乡村风貌。

首先为整体计划选择好一种温和色彩的涂料——可以选用鼠尾草的绿色、暗蓝色或浓重的奶油色。给墙面安装上简单、不繁琐的木质镶板，然后用涂料将墙面、窗框和门涂成相同的颜色。选用绿色、蓝色或黄色的条纹或方格布来做窗帘、遮帘和一个布的门镶板帘，在门镶板的顶部和底部挂上穿门帘的钢丝，再将布门帘穿到钢丝上。

深色的木地板与这款风格配合得非常完美。另一个设计特色就是木栓挂钩——它在具有实用性的同时对这一风格产生了关键的影响，用其中的一个或更多的挂钩来挂装饰物件或功能性的用品，比如镜子和洗浴用品。最后添加一些深色的或者涂成与墙面相同颜色的简单木制家具，再加一块方格垫子完成整体创作。

还可以有哪些改进？

- 素色墙面代替镶板
- 温和的蓝色涂料
- 心形图案
- 深色的木制家具

▲ 木栓挂钩提供了实用的功能，确保房间不显杂乱。

▲ 用带把的水壶装满干花来装饰搁架和窗台，给人带来田园的气息。

▲ 使用条纹格子织物作为装饰元素。它也可以应用在壁柜门和贮物罐或小桶上。

法国普罗旺斯风格

有纹路质感的墙面、深色的木制家具和铁艺品创造出一种舒适安逸而又与众不同的风格。

首先添加粗糙的泥浆或采用浮雕涂料制造粗糙效果的墙面。或者你可以采用不同色彩的涂料涂刷光滑的墙面制造类似的效果，选用温暖的奶油色加入淡黄褐色制造纹路质感效果。

这款风格主要是依靠与众不同的深色木制家具来表现的，例如独立的面盆柜。你也可以使用深色的油漆或木用着色剂改变现有的家具来获得同样的效果。选用相同的木板做浴缸镶板，也使用深色的木用着色剂或油漆。石材地面呼应了这款浴室的粗糙感觉——这里用西沙尔麻席做装饰铺地。选择铁制的搁物架安装在墙面上，添加一些挂钩来挂一些不寻常的物品。用一些植物和鲜花来呼应乡村的主题。如果你的房间有足够的空间，可以采用一些户外物品——或许是一把花园椅和铁艺家具来装点完成这一效果。

还可以有哪些改进？

- 多层色彩的光滑墙面
- 粗朴的暖色，如金黄色、橙色或土红色
- 铁制家具替代木制家具

▲ 将户外的精彩带到室内，摆放浓密的植物。

▲ 找来旧的水罐和搪瓷水桶盆。如果它们太破旧了，就给他们重新喷一层涂料。

▲ 铁艺能带来不同寻常的装饰感受，你可以添加的小饰件或者是大块的家具。

▲ 装饰物品要保持最少量，这样你所使用的所有物品都应具备这一风格特点。

▲ 选用的少量物件要用天然材料制成，比如木头、石头或竹子。

▲ 添加一个简单的装饰，比如一块金属装饰画板，能增添一个精彩的亮点。要涂成浅色与墙面相协调。

纯粹和简单

单一有限的色彩、色调、质地与纹理，成就了这款简单而又时尚的装饰。

选一种柔和的乳白色作为浴室的墙面，如果需要，添加一些简单的镶板，涂成同一颜色。将护墙板、窗框和门都涂成相同的颜色。

不要采用不同色彩的地面打断这一效果，尝试用与墙面相同的颜色涂刷现有的地板；如果是新的地板或地板质量足够好，采用白色透明木漆将会使效果更加完美，带来一些更"天然"的感觉。编织的地毯垫子使材料的质感发生了改变，但却与房间整体色彩配合得天衣无缝。

用天然材料的织物像棉布或粗帆布制作的窗帘或遮帘来简单地装饰窗户。另一个重要特色就是极少的家具和摆设，你添加的任何东西都要保持最少；找一些像石头一类的天然材料制作的小摆设，并且要保持家具简单、不零乱。所有这些最重要的一点是，白色。

还可以有哪些改进？

- 中色调的带有简单图案的窗帘或遮帘
- 镀铬或黄铜的浴室配件
- 有质感的乳白色地毯或地板

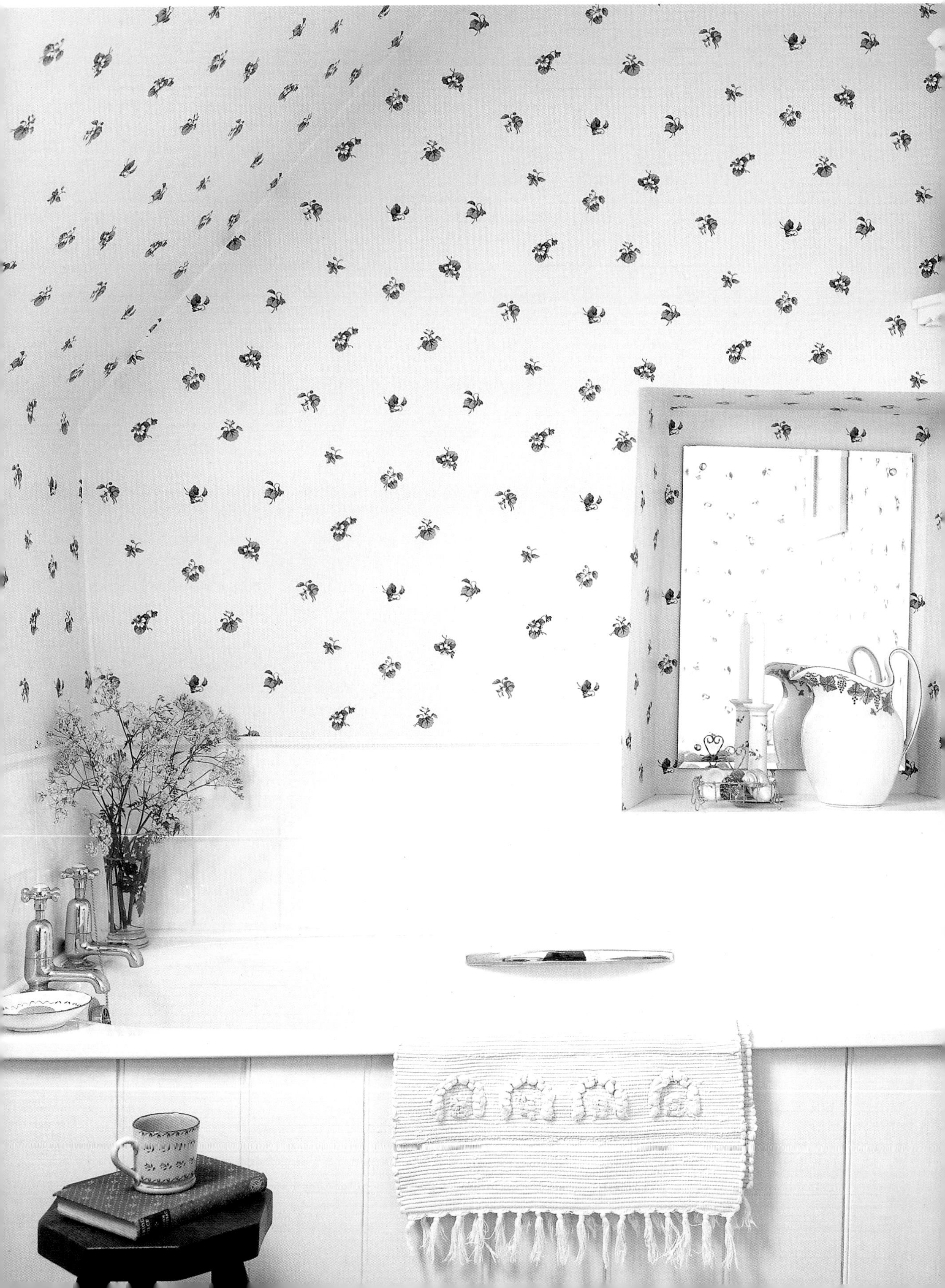

乡村小屋

　　建造这间浴室简单方便并且也不昂贵。它的装饰主要依靠优雅的小花图案和柔和的色彩，非常适合于小浴室，可以为浴室带来亲切、温暖、舒适的感觉。

　　一套经典的浴室组件最适合这款装饰，但是这一风格也可以用普通的白色浴室组件轻松获得。老式、经典的镀金、黄铜或镀铬的配件能增添房间的这一特性。

　　将企口板安装入槽做成墙板并且将其涂成乳白色或黄油色，为上部分镶板的墙面选一款优雅的小花图案壁纸，壁纸甚至可以延续到顶棚以获得更大的影响。选用简单的米色瓷砖，但不要扩大它们的使用范围，只把它们用在真正需要的区域。为窗子选一款漂亮的花窗帘，来延续小屋的主题。一些装饰物件，像一瓶鲜花、一个纯朴的乡村凳或纯棉的浴垫等，都是完美的点睛之笔。

还可以有哪些改进？

- 在色彩柔和的涂料墙面上盖上小花的图案印章
- 色彩柔和的地毯
- 仅在一面墙上使用壁纸

▲　墙角的装饰搁架添加了一种既周到又漂亮的特色，同时也增添了贮物空间。涂刷它们使其与整体色调相协调。

▲　老式的配件包括水龙头真正提升强化了小屋的主题，同时一个简洁的花瓶添加了轻快漂亮的感受。

▲　选一款老式的花布制作经典的窗帘，能得到典雅可爱、温暖舒适的感觉。

索　引

《您的家——巧装巧饰设计丛书》包括：

《厨房设计的 100 个亮点》
[英] 休·罗斯 著　郭志锋 译

● 《色彩设计的 100 个亮点》
[英] 休·罗斯 著　侯兆铭 译

● 《浴室设计的 100 个亮点》
[英] 塔姆辛·韦斯顿 著　芦笑梅 译

● 《布艺陈设设计的 100 个亮点》
[英] 塔姆辛·韦斯顿 著　吴纯 译